Sweet_hertz Design Cake

스윗헤르츠의

디자인케이크

글샘
GEULSAEM EDUCATION

스윗헤르츠의 디자인케이크

발 행 2020년 2월 20일
발행처 글샘교육
주 소 서울시 영등포구 선유동 2로 15 송학빌딩 2층
전 화 02) 549-1155
팩 스 02) 333-8672
디자인 VISUALOGUE makintosh@daum.net
사 진 이진호, 포맥스 스튜디오

Prologue

불과 5년 전 만 해도, 지금 유행하고 있는 디자인케이크에 관한 제대로 된 수업은 없었어요.

저에겐 조언을 구할 선생님도 없었고, 외국 서적이나 영상들을 찾아보거나, 가끔 베이킹 공방에서
수업을 듣는 것이 베이킹 공부의 전부였답니다.

매일매일 케이크를 만들며 이것저것 시도하면서, 스스로 개척해나가는 방법밖에 없었어요.
꽤 외롭고 힘들었던 시간이었지만, 돌이켜 생각해보면 너무나도 값진,
꼭 필요했던 시간이었던 것 같아요.

항상 국내에도 외국처럼 잘 정리되어있는 케이크 데코레이션 책이 있으면 얼마나 좋을까?
그런 책을 내가 언젠가는 만들어보고 싶다! 라고 생각하고 꿈꿔왔었어요.

제과제빵 전공도 아니고, 유명한 제과학교 출신도 아닌 제가 과연 이룰 수 있을까 꿈만 꿔오던
책 출간이 생각보다 빨리 이루어지게 된 것 같아 설레기도 하고 부끄럽기도 합니다.

제 수업을 들으러 와주시고, '스윗헤르츠의 케이크엔 선생님만의 색깔이 담겨있어요!'
하고 알아봐 주시고 응원해주시던 수강생분들이 있었기에 가능한 일인 거 같아요.

'남들보다 느려도, 제 스타일대로 우직하게 해나가다 보면, 언젠간 좋은 결과가 있을 거예요.'라고
격려해주시던 한 수강생분의 말씀이 떠오릅니다. 정말 큰 힘이 되는 말씀이었어요.

'스윗헤르츠의 디자인케이크'는
3년간 스윗헤르츠를 찾아주셨던 수강생 여러분과 함께 만든 책이라고 생각합니다.

이 책에서는 디자인케이크 수업 커리큘럼을 직접 만들고 수업하면서,
다양한 시행착오를 통해 깨달았던 케이크 데코레이션에 대한 모든 노하우들을 담았습니다.
다른 베이킹에서도 마찬가지지만 디자인케이크를 만드는 과정은 체력적으로도 참 고되고,
원하는 완벽한 디자인을 담기까지 수많은 연습도 필요합니다.

처음부터 예쁘고 완벽하게 만들기는 쉽지 않을 거예요.

글씨가 삐뚤빼뚤해도, 데코 모양이 일정하지 않아도, 조색에 실패해도 괜찮아요!

실수하는 것을 두려워하지 마세요!

자꾸 부딪혀봐야 어떻게 케이크 디자인을 해야 할지 계획이 서고, 자신만의 노하우가 쌓여간답니다.
책을 보면서 차근차근 연습하고 또 연습하여 '내 것'으로 만드시길 바래요.

케이크 디자인을 하다가 고민되고 궁금한 점이 생길 때마다, 꺼내어볼 수 있는 책이 되었으면
좋겠습니다. 감사합니다:)

Sweet-hertz Design Cake

Contents

QR코드를 활용해보세요! 본문 속 QR을 스캔하시면 작업과정을 동영상으로 배울 수 있습니다.

Part 1

준비하기

기본 도구와 재료

기본 도구

케이크를 굽고, 장식하는 데 꼭 필요한 도구들을 소개합니다.
베이킹 전문매장이나 인터넷을 이용하여 구매 가능합니다.

스패튤러

케이크에 깔끔하게 크림을 바르고, 샌딩 하는데 사용됩니다.
책에서는 8인치 스패츌러, 미니L자 스패튤러를 주로 사용하였습니다.

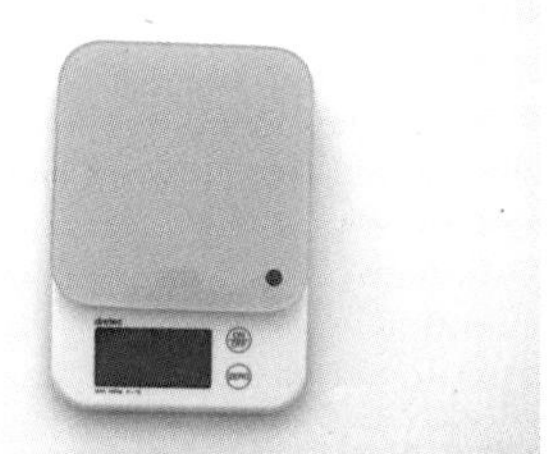

저울

베이킹은 정확한 계량이 중요합니다. 1g단위, 2kg~5kg까지 측정 가능한 전자저울을 추천합니다.

케이크팬 & 유산지

원형, 사각, 하트모양 케이크 팬이 있습니다. 책에서는 원형 1호 케이크 팬 (지름 15cm, 높이 7cm)을 주로 사용하였습니다. 낮은 높이의 케이크 팬보다, 높은 케이크 팬이 활용도가 좋습니다. 케이크팬은 유산지를 깔아 사용합니다. 유산지를 직접 재단하거나, 원형틀에 맞춰 재단 된 유산지를 구매해도 좋습니다.

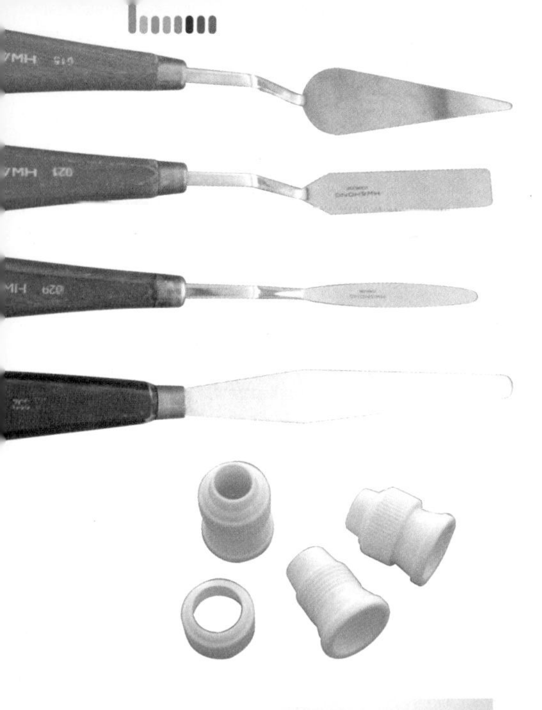

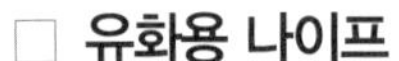

□ 유화용 나이프

식용색소의 양 조절, 질감표현을 할 때 유화용 나이프를 사용하면 편리합니다.
색소가 크림에 의해 변질되지 않도록, 나이프는 항상 깨끗이 닦아서 사용합니다.

□ 커플러

한 개의 짤주머니로 여러 가지 모양깍지를 바꿔가며 사용할 수 있습니다. 책에서는 (소)자 커플러를 사용합니다.

□ 스크래퍼

케이크 옆면을 깔끔하게 아이싱할 때 사용합니다. 얇고 튼튼한 스텐재질의 스크래퍼가 좋습니다.

□ 사이드라인 스크래퍼

케이크 옆면에 무늬를 낼 때 사용합니다.

□ 모양 깍지

케이크 장식을 하는 데 꼭 필요한 도구입니다.
모양 깍지는 다양한 형태와 사이즈가 있습니다.
깍지 모양별로 3가지 이상 구비 해 두면 좋습니다.

□ 꽃받침(7호), 네일꽂이, 꽃가위

크림으로 꽃을 파이핑 하고, 옮기는데 필요합니다.

□ 믹싱볼

케이크반죽, 크림을 만들기 위해 필요합니다.
반죽의 용량에 따라 필요한 크기가 달라집니다.
깊고 넓은 볼을 준비하면 좋습니다.

□ 조색볼

소량의 크림을 조색해야하는 때가 많아, 작은 사이즈의 볼을 사용합니다.

□ 실리콘 주걱

시트와 크림을 만들 때, 넓적하고 열에 강한 실리콘 주걱을 주로 사용합니다.
크림을 조색할 땐 다양한 컬러를 만들어야 하므로 미니사이즈 주걱을 여러 개 준비하는 게 좋습니다.

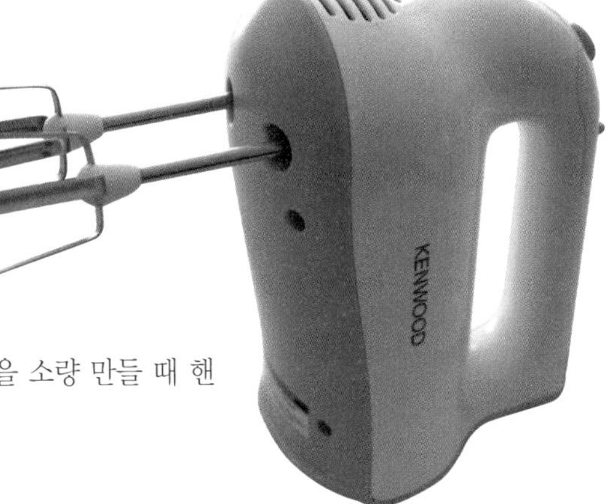

□ 핸드믹서

케이크시트와 샌드용 크림을 소량 만들 때 핸드믹서를 사용합니다.

□ 스탠드믹서

데코레이션 크림을 만들 때나, 케이크시트 대량생산 할 때 스탠드믹서를 사용합니다.

일회용 짤주머니

일회용 짤주머니 12인치, 14인치, 18인치가 있습니다.
18인치는 아이싱용크림을, 12,14인치는 데코레이션 크림을 담을 때 사용하였습니다.

각봉 & 빵 칼

케이크 시트를 일정한 높이로 깔끔하게 재단하기 위해 각봉과 빵칼을 사용합니다.
1.5cm 각봉을 이용하여 시트를 재단하였습니다.

케이크 돌림판

무겁고 안정감 있는 전문가용 돌림판 사용을 권장합니다.

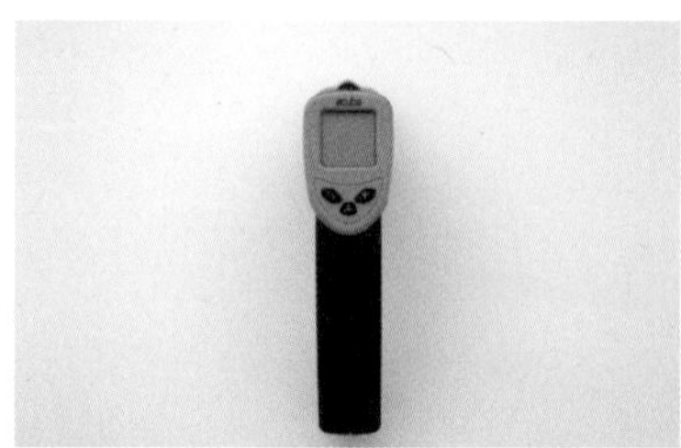

적외선 온도계

좋은 컨디션의 시트와 크림을 만들기 위해 반죽이나 버터, 크림치즈의 온도를 확인합니다.

케이크모형

아이싱 연습을 할 때 케이크 시트 대용으로 사용합니다. 플라스틱 모형보다는 무겁고 안정감있는 원목으로 된 케이크모형을 추천합니다.

짤주머니거치대

짤주머니 거치대를 이용하면 크림을 깔끔하고, 편하게 담을 수 있습니다.

필수재료

케이크를 만들 때 필요한 필수 재료입니다.
가까운 마트나 온&오프라인 제과제빵 재료상에서 쉽게 구할 수 있습니다.

□ 달걀

달걀을 이용하여 케이크 시트를 만들거나, 흰자를 이용하여 머랭을 만듭니다. 전란으로 표기된 경우, 달걀 한 개를 거품기로 풀어 g 수에 맞게 계량합니다. 노른자는 하루, 흰자는 3~4일 정도 냉장고에 보관할 수 있습니다.

□ 설탕

주로 백설탕을 사용하며 단맛을 내는 역할을 합니다. 이 외에도 달걀을 공기포집할 때 거품을 견고하게 해주며, 방부작용으로 제품의 보존성을 높여주기도 합니다.

□ 박력분

가루는 글루텐함량에 따라 강력분, 중력분, 박력분으로 나뉩니다.
제과류 (케이크나 쿠키)를 만들 땐 글루텐 함량 10% 이하인 박력분을 주로 사용합니다.
꼭 체를 쳐 사용하도록 합니다.

□ 버터

제과에서는 기본적으로 무염 버터를 사용합니다.
데코레이션 크림을 만들 땐, 조색을 위해 하얀 크림이 되도록 서울우유 무염 버터를 사용하였습니다.

□ 크림치즈

고소하고 부드러우면서, 약간의 짠맛과 산미가 느껴지는 치즈입니다.
필라델피아, 끼리 크림치즈를 추천합니다.

□ 생크림

부드럽고 우유 풍미가 좋은 유지방 35%이상의 동물성 생크림을 사용합니다. 유지방 함량이 올라갈수록 진하고 고소한 맛이 납니다.
식물성 유지에서 추출한 식물성 크림은 주로 아이싱 연습용으로 사용합니다.

□ 커버춰 초콜릿

카카오버터 함유량이 30% 이상인 초콜릿을 커버춰초콜릿이라고 합니다. 초콜릿크림, 초콜릿드립 데코레이션을 위해, 커버춰초콜릿을 사용합니다. 깔리바우트 다크초콜릿, 화이트초콜릿을 사용하였습니다.

□ 식용 색소

크림에 원하는 색상을 입히기 위하여 식용색소를 사용합니다.
액상과 젤 중간형태의 리쿠아젤타입 셰프마스터 식용색소를 기준으로 작업하였습니다.

□ 케이크 스프링클 & 토퍼

알록달록한 케이크 스프링클을 뿌려 케이크의 허전한 부분을 채워 완성도를 높여줍니다. 케이크 토퍼를 꽂아 레터링 문구를 대신하거나, 케이크의 화려함을 더해 줄 수 있습니다.

작업 전 미리 알아두기

계량하기

저울을 이용하여 레시피에 나와있는 재료 (g)단위를 정확하게 계량합니다. 전란+노른자 / 가루재료 (박력분, 베이킹파우더, 아몬드파우더)처럼 물성이 같고, 재료가 투입되는 시기가 동일한 재료들은 한 곳에 계량하는 것이 편리합니다.

케이크 시트 사이즈 별 계량

책에 나온 케이크 시트 레시피는 원형 1호 사이즈입니다.
케이크를 미니 사이즈로 작게 만들고 싶을 땐, 레시피의 모든 재료에 0.6을 곱한 값을 계량합니다.

예 달걀 120g (1호) –〉 120g×0.6=달걀 72g (미니)

케이크를 3호 사이즈로 크게 만들고 싶을 땐, 레시피의 모든 재료에 2를 곱한 값을 계량합니다.

예 달걀 120g (1호) –〉 120g×2=달걀 240g (3호)

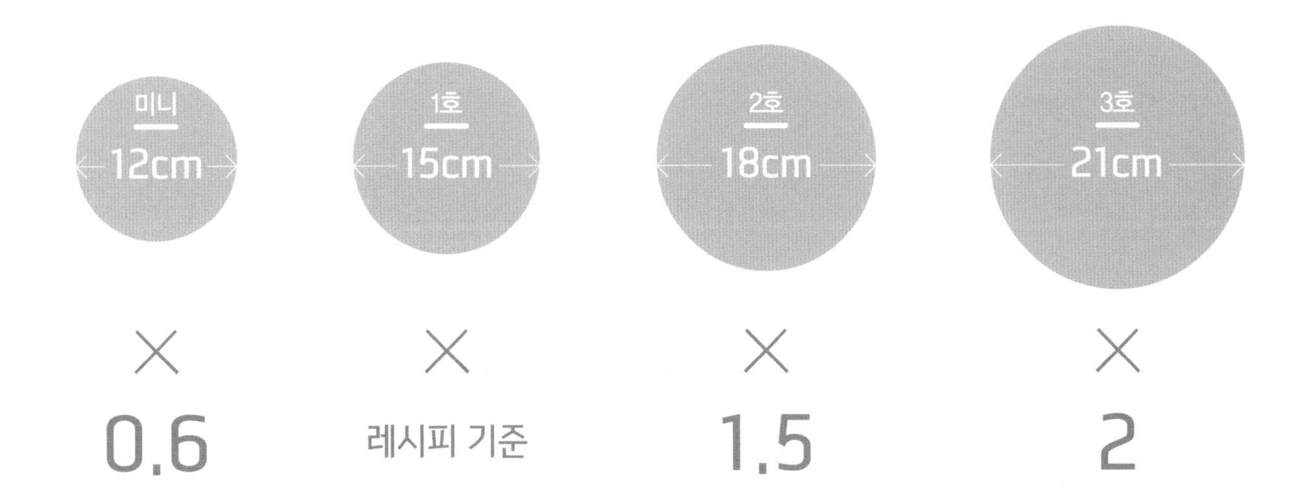

케이크 시럽 만들기

물	30g
설탕	15g
화이트럼	5g

케이크를 촉촉하게 유지하기 위해, 시트에 시럽을 발라줍니다.
키르쉬, 코엥트로, 깔루아 등 케이크와 어울리는 리큐르를 넣어주면 풍미를 더욱 살릴 수 있습니다.

①
냄비에 물과 설탕을 넣고, 설탕이 녹을 정도로 끓여 시럽을 만듭니다.

②
뜨거운 시럽을 40℃ 이하로 식혀, 화이트 럼을 넣어 케이크 시럽을 완성합니다. (냉장보관 3일 이내)

시트 재단하기

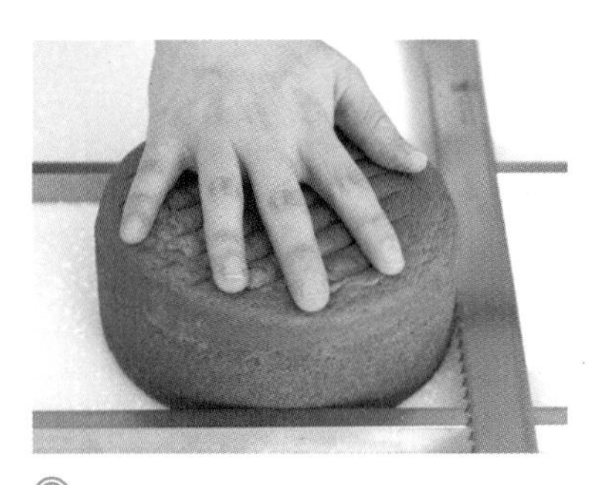

①
1.5cm 각봉 사이에 케이크 시트를 두고, 한 손으로 시트가 움직이지 않도록 고정합니다.

②
빵칼을 위 아래로 움직여가며 시트를 자릅니다. 이때, 빵칼이 각봉에서 뜨지 않도록 주의하며 슬라이스합니다.

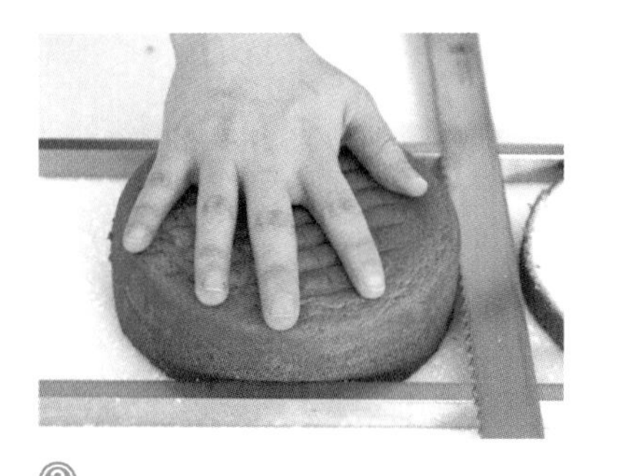

③
같은 방법으로 1.5cm 총 3장이 나오도록 시트를 잘라줍니다.

④
슬라이스 한 시트를 바로 사용하지 않는다면, 시트가 마르지 않도록 밀봉해 둡니다.

짤주머니 사용방법

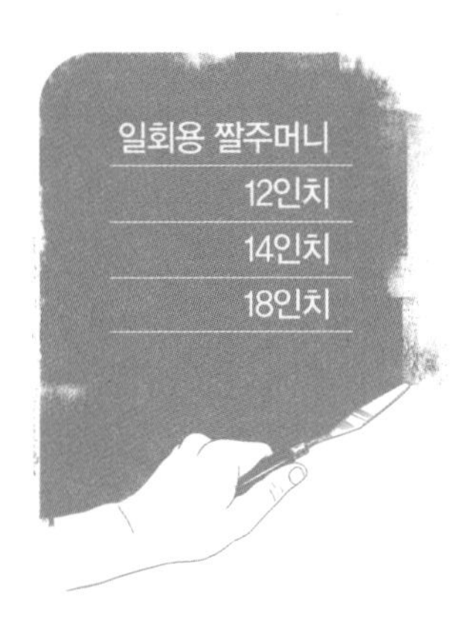

일회용 짤주머니
12인치
14인치
18인치

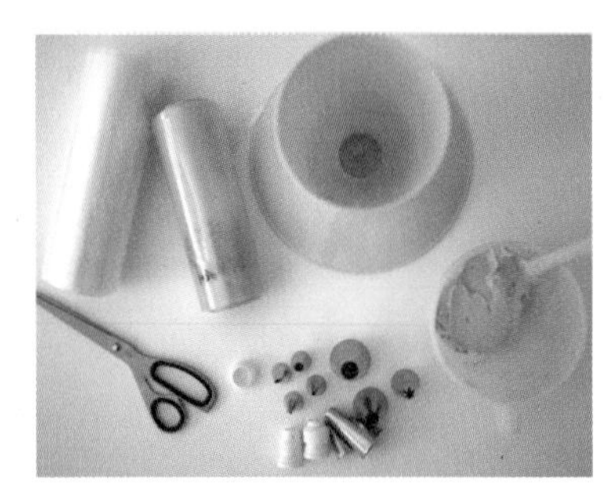

①
필요한 크기의 짤주머니, (小)커플러, 모양 깍지, 크림을 준비합니다.

②
짤주머니 끝부분을 약 1.5cm~2cm정도 자릅니다.

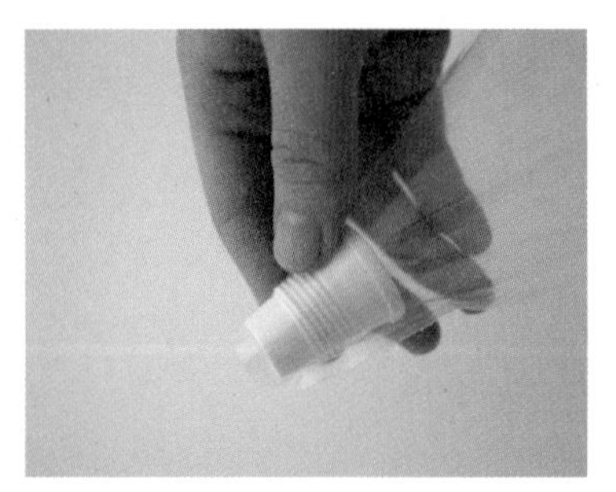

③
커플러를 짤주머니 끝까지 밀어 넣습니다.

④
커플러를 넣은 짤주머니 바깥쪽에 모양 깍지를 올려놓습니다.

⑤
큰 깍지는 커플러 없이 짤주머니에 넣습니다.

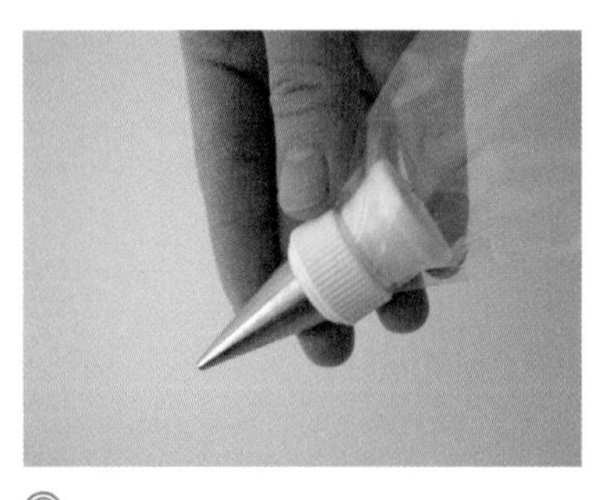

⑥
그 위를 링으로 고정합니다.

⑦
짤주머니 끝부분까지 완전히 벌려줍니다.

⑧
데코레이션에 필요한 크림을 넣습니다. 짤주머니 거치대를 이용하면 편리하게 크림을 넣을 수 있습니다.

⑨
스크래퍼로 크림을 밀어내, 짤주머니를 깔끔하게 정리합니다.

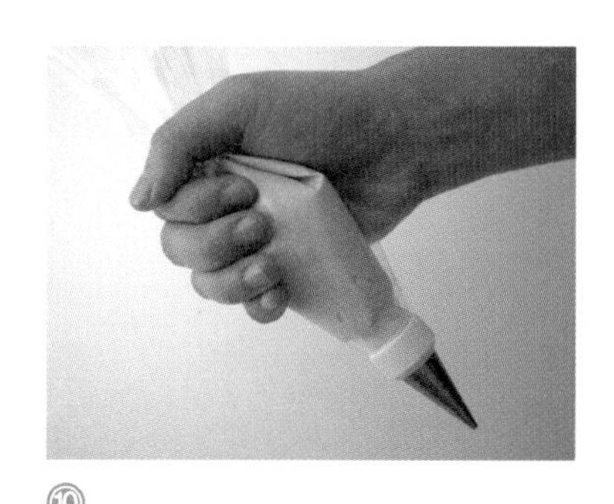

⑩
모양 깍지 부분을 아래로 향하게 하고, 짤주머니의 꼬리를 엄지와 검지 사이에 두고 크림이 한 손안에 들어오도록 빵빵하게 잡아줍니다.

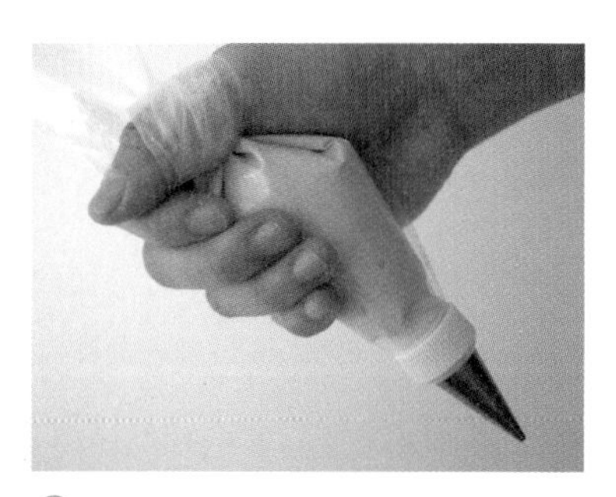

⑪
짤주머니의 꼬리가 길어 거추장스럽다면, 엄지와 검지 사이로 감아 짧게 정리합니다.

마블 그라데이션

①
짤주머니에 넣을 두 가지 색의 크림을 준비합니다. 한 가지 컬러를 짤주머니 벽면에 묻혀줍니다.

②
1의 짤주머니를 그대로 벌려, 다른색의 크림을 넣습니다.

③
스크래퍼로 짤주머니 속 크림을 깔끔하게 정리합니다.

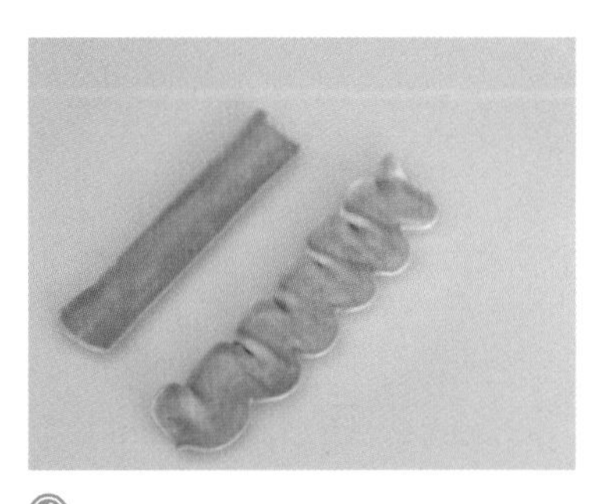

④
두 가지 색이 자연스럽게 그라데이션 된 크림을 원하는 모양으로 파이핑합니다.

투톤

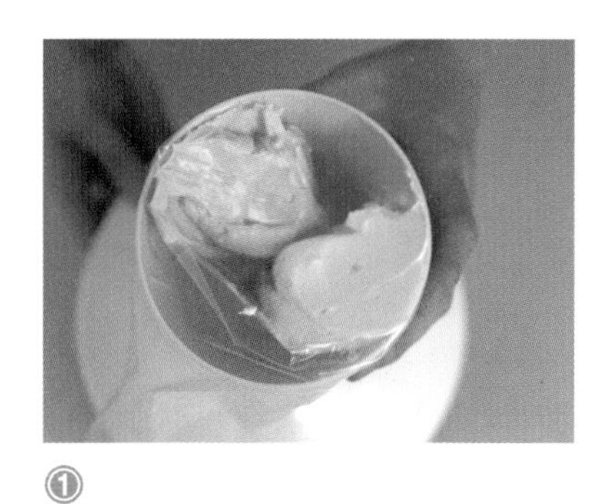

①
짤주머니 양쪽벽에 두 가지 색 크림이 섞이지 않도록, 하나씩 넣어줍니다.

②
스크래퍼로 짤주머니 속 크림을 깔끔하게 정리합니다.

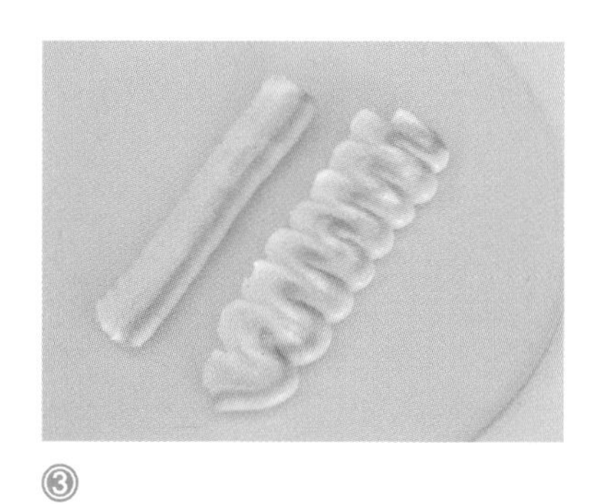

③
투톤으로 그라데이션 된 크림을 원하는 모양으로 파이핑 합니다.

애벌 아이싱

케이크 아이싱을 하기 전, 시트에서 나오는 빵가루가 묻어나오지 않도록 얇게 크림을 발라 고정시켜야 합니다. 이를 애벌 아이싱이라고 합니다. 이 과정을 생략하고 바로 아이싱을 진행한다면, 겉면이 빵가루로 인해 지저분해질 확률이 매우 높습니다.
애벌아이싱은 샌드하고 남은 소량의 크림 혹은 데코레이션용으로 만든 크림을 사용합니다.

① 샌딩 작업이 완료된 케이크를 준비합니다.

② 샌드를 하고 남은 소량의 크림을 케이크 위에 얹습니다.

① 케이크 윗면과 옆면에 크림을 얇게 펴 발라 코팅합니다.

② 케이크가 단단히 고정될 수 있도록 최소 20분 이상 냉장고에 넣어둔 뒤, 아이싱을 합니다.

디자인케이크 만들기 순서

1 케이크 종류와 디자인 선정하기

케이크의 사이즈에 따라 디자인 변동이 생길 수 있으니, 필요한 케이크 종류와 사이즈를 먼저 정합니다. 사이즈가 정해지면 디자인을 선정하고 데코레이션에 필요한 모양깍지와 조색컬러를 정리합니다.

2 케이크 & 데코레이션 크림 만들기

케이크 시트를 굽고, 샌드하여 케이크를 완성해 냉장고에 보관해둡니다.
데코레이션에 필요한 크림을 만듭니다.

3 데코레이션에 필요한 장식물 준비하기

데코레이션에 필요한 장식물(머랭쿠키, 초콜릿장식)들은 그때그때 만드는 것보다, 미리 만들어 보관하였다 사용하는 것이 편리합니다. 생화장식은 잘 시들기 때문에, 케이크 디자인까지 모두 완성한 뒤에 준비하여 장식합니다.

4 데코레이션 크림 조색하기

아이싱과 데코레이션에 필요한 크림을 조색합니다. 우선 사용되는 아이싱 컬러를 먼저 조색합니다. 겹치거나 비슷한 색상의 컬러가 있다면, 연한 컬러부터 만들어 사용한 뒤 진한 컬러로 다시 조색하여 사용하면 크림을 낭비하지 않을 수 있습니다.

5 케이크 디자인하기

케이크와 디자인할 크림이 모두 준비가 되어있다면, 케이크 디자인을 완성할 단계입니다.
아이싱-〉 데코레이션 -〉 레터링 순서로 작업합니다.

6 케이크 포장하기

완성한 케이크는 케이크 상자에 넣어 보관합니다. 케이크는 냉장 보관 하며, 2-3일 내로 섭취하는 것을 권장합니다.

케이크 레시피

딸기 생크림 케이크

바닐라 제누아즈

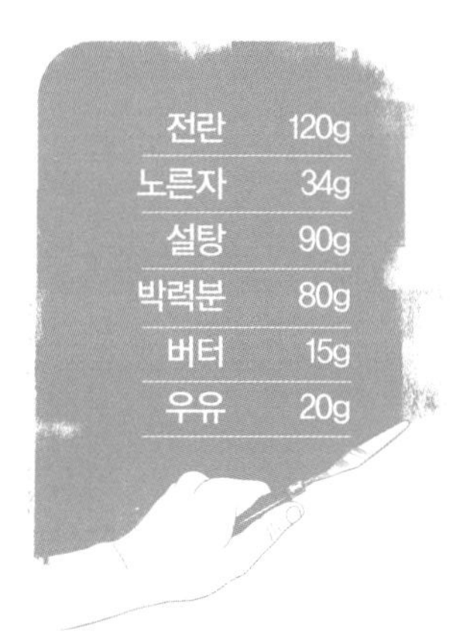

전란	120g
노른자	34g
설탕	90g
박력분	80g
버터	15g
우유	20g

170℃

28분

원형 1호

①
전란과 노른자가 담긴 볼에, 설탕을 넣고 거품기로 섞어줍니다.

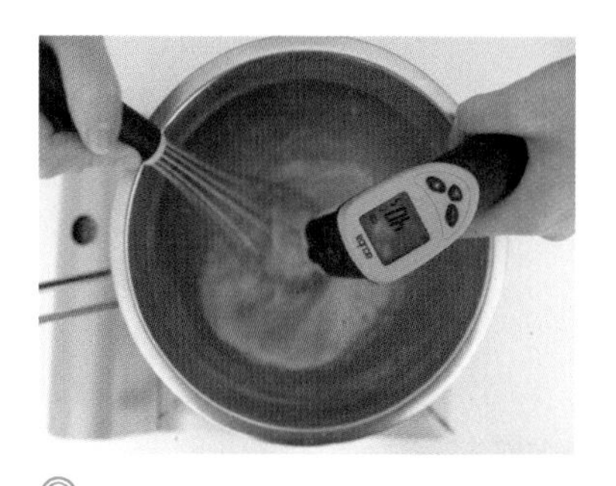

②
뜨거운 물이 담긴 중탕볼에 올린 뒤, 거품기로 계속 저어가며 반죽 온도가 37-45℃ 되도록 데워줍니다.

③
반죽 온도가 따뜻해지면 중탕볼을 빼고, 핸드믹서 고속으로 공기포집을 시작합니다.

④
반죽이 2배 정도 부풀어 오르고 밝은 아이보리 색깔로 변화합니다.

⑤
반죽이 떨어지는 자국이 3-5초 정도 머물렀다가 서서히 사라지는 상태가 되었는지 확인합니다. (리본상태)

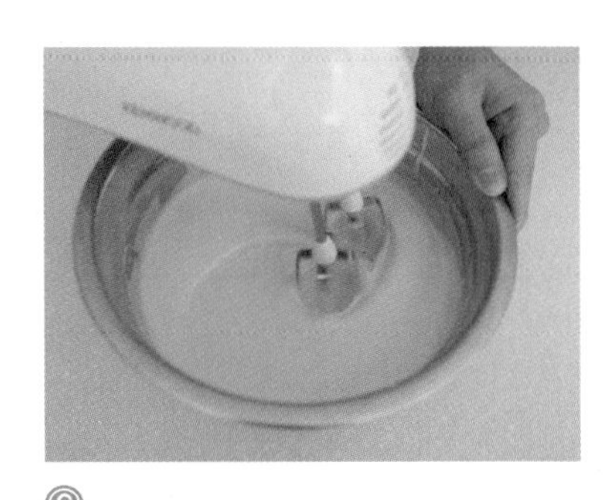

⑥
리본 상태가 확인되면, 핸드믹서 속도를 저속으로 변경하여, 거칠고 큰 기포들을 쫀쫀하고 조밀한 기포로 만들어 마무리합니다. (기포정리)

⑦
반죽에 박력분을 체질하여 넣습니다. (작업 전, 박력분을 미리 체 쳐 두어도 좋습니다.)

⑧
주걱을 이용하여 J자로 반죽을 가르듯이 퍼 올리며, 날가루가 보이지 않을 때까지 완벽히 섞어줍니다.

⑨
따뜻하게 데운 버터와 우유(50-60℃)에 본 반죽의 일부를 넣고 섞어주어 본 반죽과 섞이기 쉬운 상태로 만들어 줍니다.

⑩
본 반죽에 애벌섞기 한 반죽을 주걱 위로 떨어뜨려 넣어줍니다.

⑪
주걱을 이용하여 J자로 가르듯이 퍼올리며, 버터띠가 남아있지 않도록 반죽을 완벽하게 섞어줍니다.

⑫
완성 된 반죽을, 원형틀(1호, 높이7cm)에 팬닝 합니다.

⑬
가볍게 쇼크를 주어 반죽을 섞으면서 들어간 큰 기포들을 터뜨린 뒤, 170℃ 예열한 오븐에 28분 굽습니다.

⑭
구워져 나온 제누아즈는 식힘망 위에 올려놓고 식힙니다.

⑬
완전히 식힌 제누아즈는 바로 사용하지 않을 경우, 마르지 않도록 밀봉하여 보관합니다.

샌딩용 생크림

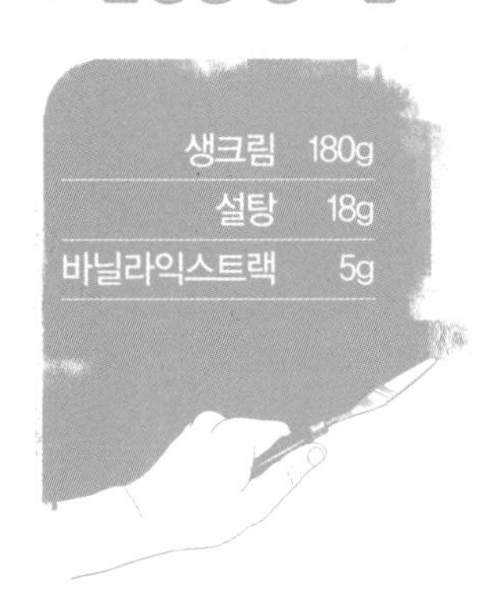

생크림 180g
설탕 18g
바닐라익스트랙 5g

①
볼에 차가운 생크림, 설탕, 바닐라 익스트랙을 넣어 핸드믹서 중속으로 휘핑합니다. 이때 생크림이 담긴 볼을, 차가운 얼음물에 받쳐줍니다.

②
크림에 질감이 생기기 시작하면, 핸드믹서를 멈추어 크림이 골고루 휘핑 될 수 있도록 주걱을 이용하여 볼 정리를 합니다.

③
핸드믹서 저속으로 크림이 단단해지도록 휘핑합니다. 휘퍼 날 자국이 선명하게 남는 상태가 되면 휘핑을 멈춥니다.

④
주걱으로 퍼 올렸을 때 주르륵 흘러내리지 않으면서, 크림의 질감이 매끄러운 상태로 사용합니다.

딸기케이크 완성하기

바닐라시트
샌드용 생크림
케이크시럽
딸기 12개

과일 준비하기

딸기는 2등분 혹은 3등분 합니다. 수분이 많아 그대로 사용하면 케이크가 축축해질 수 있으니, 키친타올을 이용하여 과일의 물기를 제거한 뒤 사용합니다.

① 케이크 하판에 바닐라 시트 1장을 올립니다.

② 붓으로 케이크 시럽을 골고루 발라줍니다.

③ 준비된 크림의 1/4분량을 시트위에 올려, 스패튤러를 이용해 얇게 펴 바릅니다.

④ 테두리부터 안쪽까지 딸기를 올려줍니다.

⑤ ④위에, 1/4 크림을 펴 바릅니다.

⑥ 옆으로 삐져나온 크림은 스패튤러를 이용하여 깔끔하게 정리합니다.

⑦
케이크시트가 튀어나오지 않도록 주의하며, 두 번째 시트를 올립니다.

⑧
2~5번 과정을 반복하여 샌딩합니다.

⑨
마지막 시트를 올리고 시럽을 발라준 뒤, 남아 있는 소량의 크림으로 애벌아이싱 합니다. (크림이 남지 않았다면, 데코용 크림을 사용합니다.)

⑩
샌딩이 마무리 된 케이크는 20분 정도 냉장고에 두었다가, 데코레이션용 크림을 이용하여 장식합니다.

초코 바나나 케이크

초코 제누아즈

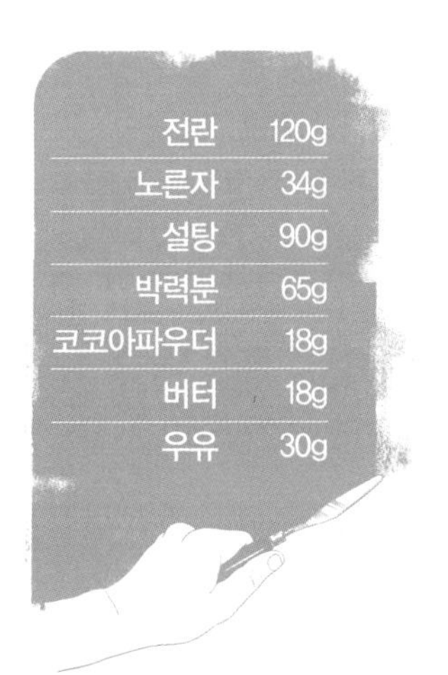

전란	120g
노른자	34g
설탕	90g
박력분	65g
코코아파우더	18g
버터	18g
우유	30g

170℃
28분
원형 1호

①
전란과 노른자가 담긴 볼에, 설탕을 넣고 거품기로 섞어줍니다.

②
뜨거운 물이 담긴 중탕볼에 올린 뒤, 거품기로 계속 저어가며 반죽 온도가 37-45℃ 되도록 데워줍니다.

③
반죽 온도가 따뜻해지면 중탕볼을 빼고, 핸드믹서 고속으로 공기포집을 시작합니다.

④
반죽이 2배 정도 부풀어 오르고 밝은 아이보리 색깔로 변화합니다.

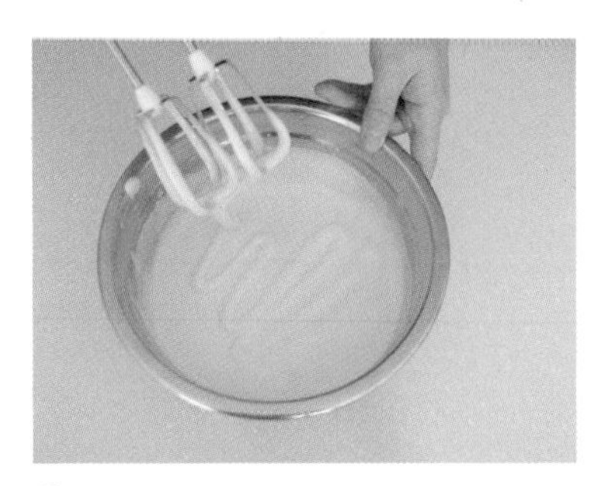

⑤
반죽이 떨어지는 자국이 3-5초 정도 머물렀다가 서서히 사라지는 상태가 되었는지 확인합니다. (리본상태)

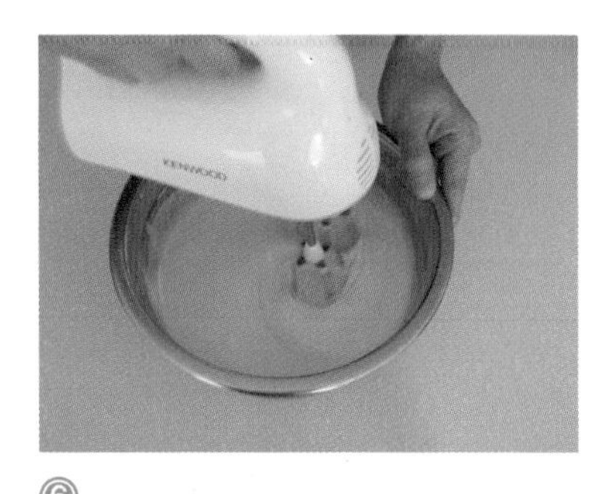

⑥
리본 상태가 확인되면, 핸드믹서 속도를 저속으로 변경하여, 거칠고 큰 기포들을 쫀쫀하고 조밀한 기포로 만들어 마무리합니다.

⑦
반죽에 박력분과 코코아파우더를 체질하여 넣습니다.
(작업 전, 미리 체 쳐 두어도 좋습니다.)

⑧
주걱을 이용하여 J자로 반죽을 가르듯이 퍼 올리며 가루를 완벽히 섞어줍니다.

⑨
따뜻하게 데운 버터와 우유(50-60℃)에 본 반죽의 일부를 넣고 섞어주어 본 반죽과 섞이기 쉬운 상태로 만들어줍니다.

⑩
본 반죽에 애벌섞기 한 반죽을, 주걱 위로 떨어뜨려 넣어줍니다.

⑪
주걱을 이용하여 J자로 가르듯이 퍼올리며, 버터띠가 남아있지 않도록 반죽을 완벽하게 섞어줍니다.
(초코시트의 경우, 거품이 더 빨리 죽기 때문에 빠른속도로 정확하게 섞도록 합니다.)

⑫
완벽히 섞인 반죽은 1호 사이즈 원형틀에 팬닝합니다.

⑬
가볍게 쇼크를 주어 반죽을 섞으면서 들어간 큰 기포들을 터뜨린 뒤, 170℃ 예열한 오븐에 28분 굽습니다.

⑭
구워져 나온 제누아즈는 식힘 망 위에 올려놓고 완전히 식혀줍니다.

⑮
바로 사용하지 않을 경우, 시트가 마르지 않도록 밀봉해놓습니다.

샌딩용 초콜릿크림

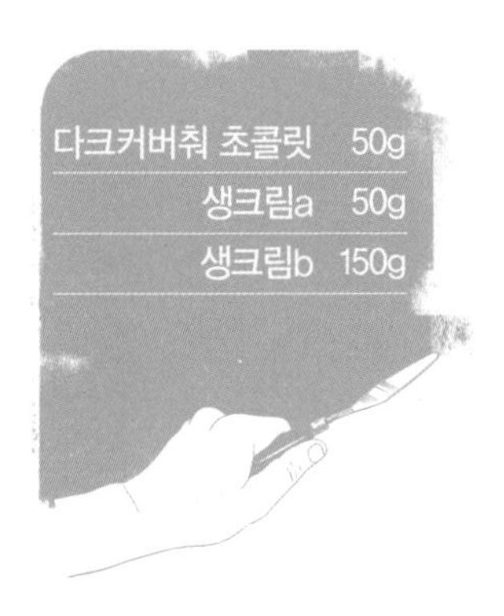

다크커버춰 초콜릿	50g
생크림a	50g
생크림b	150g

①
다크커버춰 초콜릿을 중탕하여 녹입니다.

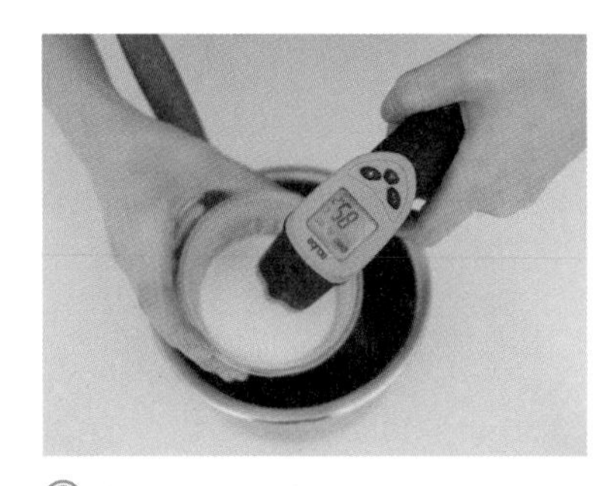

②
생크림a를 전자렌지에 넣어 따뜻하게 데웁니다.

③
중탕하여 녹인 초콜릿에 따뜻하게 데운 생크림a를 넣어 유화시킵니다.

④
③에 차가운 생크림b를 넣습니다.

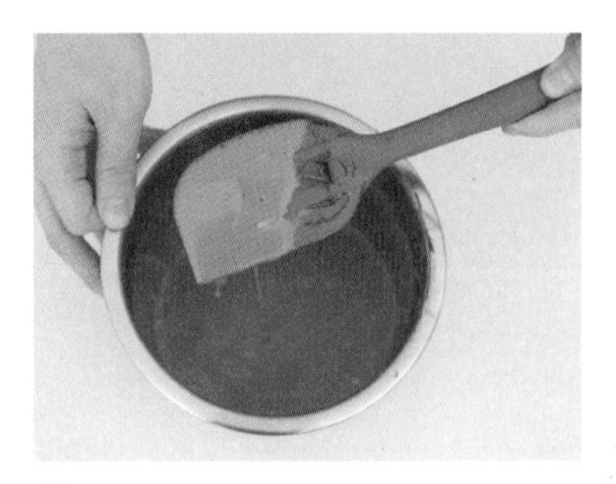

⑤
유화시켜 초콜릿크림을 완성합니다. (배합을 늘려 양이 많아질 경우, 바믹서를 이용해 유화시킵니다.)

⑥
초콜릿크림은 최소6시간-하루 냉장숙성합니다.

⑦
냉장숙성 한 초콜릿 크림을 핸드믹서로 단단하게 휘핑합니다.

⑧
주걱으로 퍼올렸을 때 주르륵 흘러내리지 않으면서, 크림의 질감이 매끄러운 상태로 사용합니다.

초코바나나케이크 완성하기

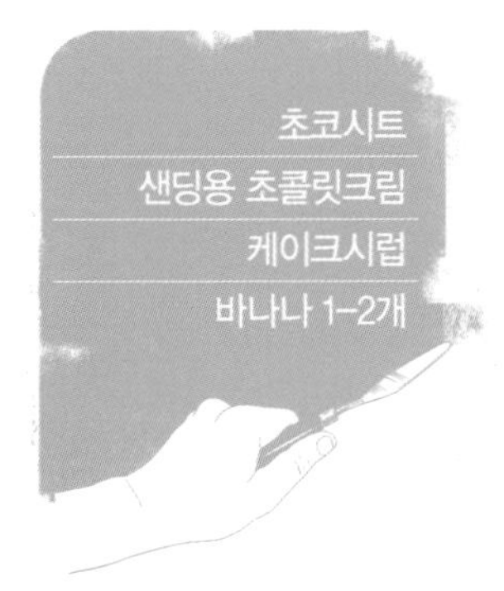

초코시트
샌딩용 초콜릿크림
케이크시럽
바나나 1-2개

과일 준비하기

바나나는 원하는 크기로 잘라둡니다. 바나나는 시간이 지나면 갈변하므로, 케이크 만들기 직전에 준비합니다.

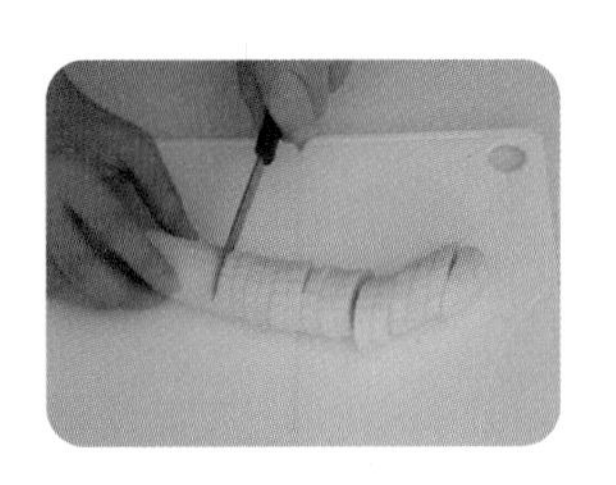

① 케이크 하판에 초코 시트 1장을 올립니다.

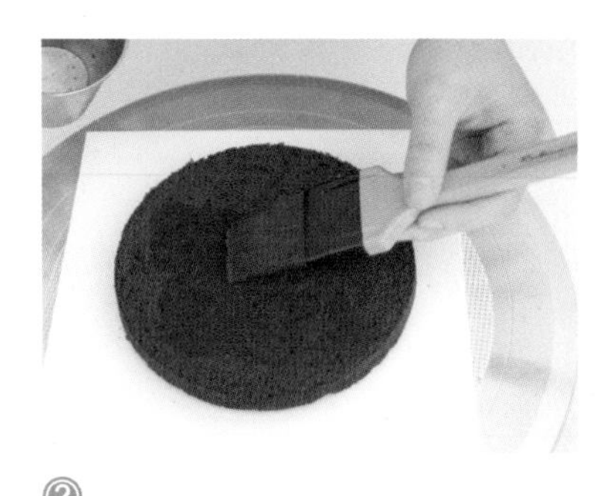

② 붓으로 케이크 시럽을 골고루 발라줍니다.

③ 준비된 크림의 1/4분량을 시트위에 올려, 스패튤러를 이용해 얇게 펴 바릅니다.

④ 테두리부터 안쪽까지 바나나를 올려줍니다.

⑤ ④위에, 1/4 크림을 펴 바릅니다.

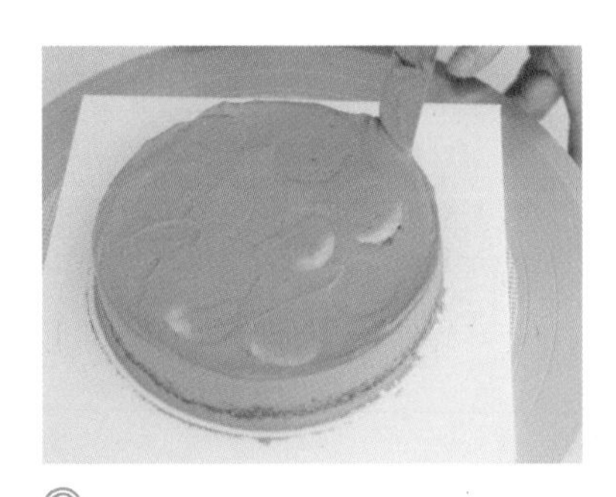

⑥ 옆으로 삐져나온 크림은 스패튤러를 이용하여 깔끔하게 정리합니다.

⑦
케이크시트가 튀어나오지 않도록 주의하며, 두 번째 시트를 올립니다.

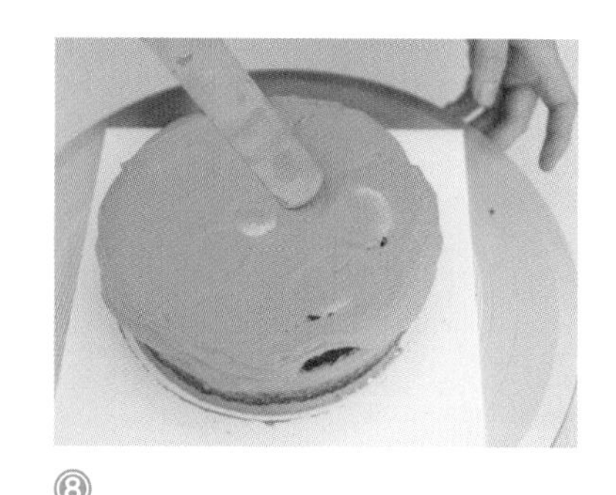

⑧
②~⑤번 과정을 반복하여 샌딩합니다.

⑨
마지막 시트를 올리고 시럽을 발라준 뒤, 남아 있는 소량의 크림으로 애벌아이싱 합니다. (크림이 남지 않았다면, 데코용 크림을 사용합니다.)

⑩
샌딩이 마무리 된 케이크는 20분 정도 냉장고에 두었다가, 데코레이션용 크림을 이용하여 장식합니다.

Part. 2 케이크 레시피

당근 케이크

당근시트

전란	120g
설탕	100g
소금	1g
카놀라유	90g
박력분	110g
아몬드파우더	25g
시나몬파우더	3g
베이킹파우더	1g
베이킹소다	1.5g
다진당근	100g
호두	40g

45분

원형 1호

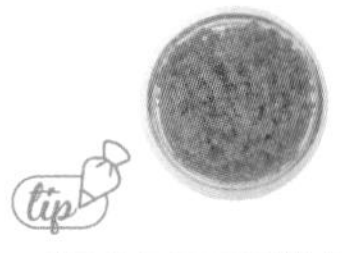

tip

- 당근은 푸드프로세서를 이용하여 작은 입자로 갈아줍니다. 푸드프로세서가 없다면, 칼로 다져서 준비합니다.
- 호두는 180℃ 10분 로스팅하여 사용합니다.

① 전란과 노른자가 담긴 볼에, 설탕을 넣고 거품기로 섞어줍니다.

② 뜨거운 물이 담긴 중탕볼에 올린 뒤, 거품기로 계속 저어가며 반죽 온도가 37-45℃ 되도록 데워줍니다.

③ 반죽 온도가 따뜻해지면 중탕볼을 빼고, 핸드믹서 고속으로 공기포집을 시작합니다.

④ 반죽이 2배 정도 부풀어 오르고 밝은 아이보리 색깔로 변화합니다.

⑤
반죽이 떨어지는 자국이 3-5초 정도 머물렀다가 서서히 사라지는 상태가 되었는지 확인합니다. (리본상태)

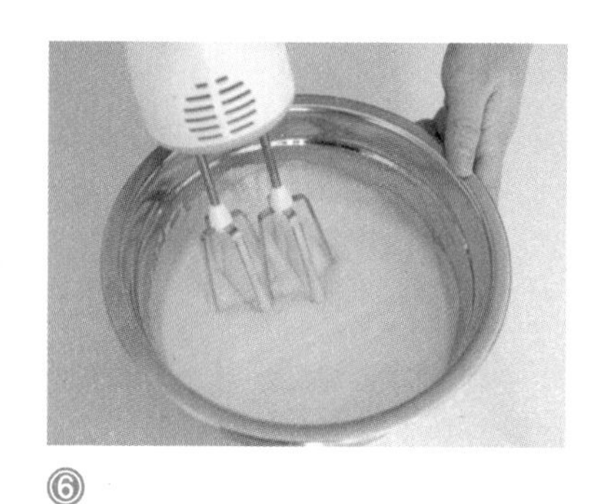

⑥
리본 상태가 확인되면, 핸드믹서 속도를 저속으로 변경하여, 거칠고 큰 기포들을 쫀쫀하고 조밀한 기포로 만들어 마무리합니다.

⑦
핸드믹서를 저속으로 돌리며, 반죽에 카놀라유를 넣어 섞어 줍니다.

⑧
반죽에 모든 가루류를 체 쳐 넣습니다. (작업 전, 미리 체 쳐 두어도 좋습니다.)

⑨
주걱을 이용하여 J자로 반죽을 가르듯이 퍼 올리며 가루를 완벽히 섞어줍니다.

⑨
반죽에 다진 당근과 호두를 넣고 주걱으로 섞어서 반죽을 완성합니다.

⑩
완성한 반죽을 원형 1호 틀에 팬닝 후, 170℃ 45분 구워줍니다.

⑪
가볍게 쇼크를 주어 반죽을 섞으면서 들어간 큰 기포들을 터뜨린 뒤, 170℃ 예열한 오븐에 45분 굽습니다.

⑫
구워져 나온 당근시트는 식힘 망 위에 올려놓고 완전히 식혀줍니다.

⑬
당근시트는 밀봉하여 냉장고에 넣어두었다가 자르면, 부서지지 않고 깔끔하게 자를 수 있습니다.

크림치즈 프로스팅

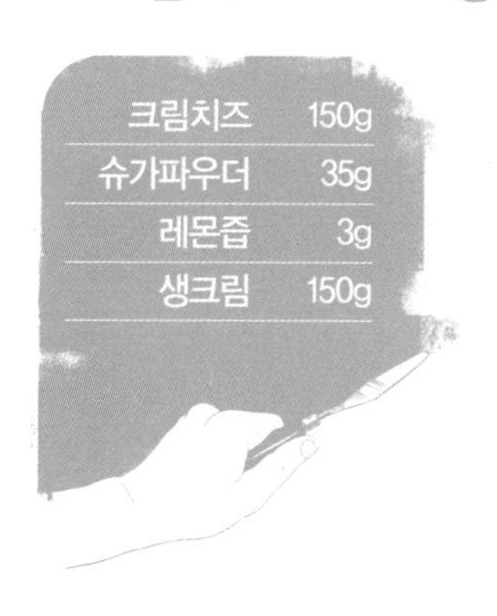

· 크림치즈는 실온에 미리 꺼내두어 말랑한 상태로 사용합니다.
· 생크림은 얼음물에 받쳐 차가운 상태를 유지해줍니다.

① 볼에 크림치즈와 설탕, 레몬즙을 넣어 중속으로 휘핑합니다.

② 멍울없이 부드럽게 풀린 크림치즈는 잠시 옆에 둡니다.

③ 다른 볼에 생크림을 핸드믹서 중속으로 휘핑합니다.

④ 80% 휘핑한 생크림 상태입니다.

⑤ 부드럽게 풀어놓은 크림치즈에, 휘핑 한 생크림을 1/2씩 2번에 걸쳐 주걱으로 섞어줍니다.

⑥ 완성한 크림치즈 프로스팅은 짤주머니에 담아 샌딩합니다.

당근케이크 완성하기

당근시트
샌드용 크림치즈크림
케이크 시럽

① 케이크 하판에 1.5cm 당근시트 1장을 올립니다.

② 당근시트에 케이크시럽을 발라줍니다.

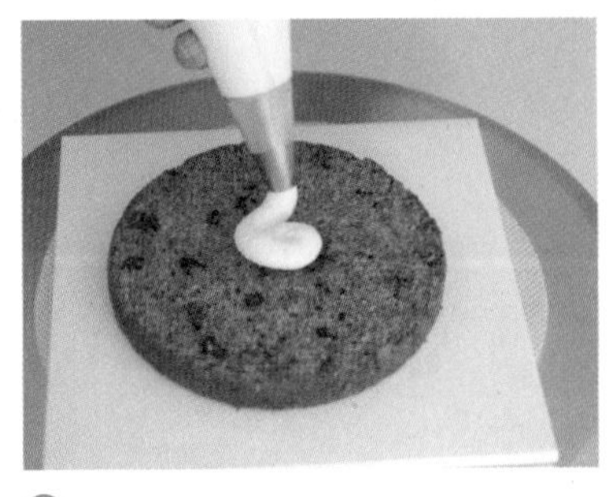

③ 805번 원형깍지를 끼운 짤주머니에 크림치즈프로스팅을 넣어 중앙부터 샌드하기 시작합니다.

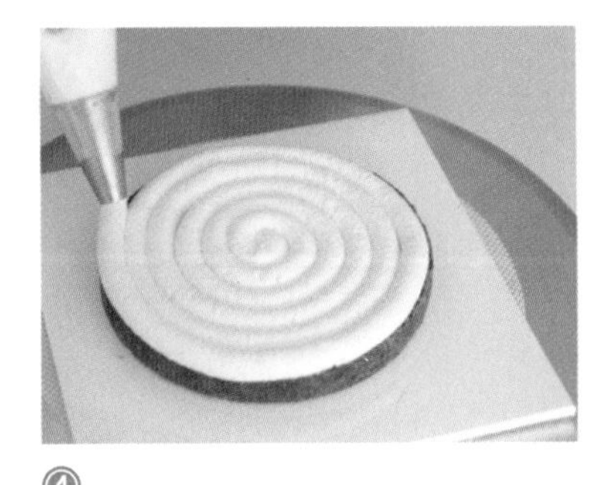

④ 일정한 두께로 크림을 파이핑합니다. 짤주머니가 없을 경우 스패튤러로 크림을 펴발라도 괜찮습니다.

⑤ 두 번째 당근시트를 올려준뒤, 시럽을 발라줍니다.

⑥ 2번과정과 동일하게 중앙부터 짤주머니를 이용해 크림치즈프로스팅을 샌드합니다.

⑦
마지막 3번째장 시트를 올려 줍니다.

⑧
마지막 시트에도 시럽을 발라줍니다.

⑨
남아 있는 소량의 크림으로 애벌 아이싱 합니다. (크림이 남지 않았다면, 데코용 크림을 사용합니다.)

⑩
샌딩이 마무리 된 케이크는 20분 정도 냉장고에 두었다가 데코레이션용 크림을 이용하여 장식합니다.

Part 3

데코레이션 크림 레시피

- Lesson 1. 생크림
- Lesson 2. 크림치즈
- Lesson 3. 버터크림

생크림, 크림치즈 크림, 버터크림 3가지 모두 데코레이션이 가능합니다.
버터크림과 치즈크림은 크림 속에 함유하는 수분율이 적기 때문에, 색소 번짐 현상이 가장 적습니다.
또한 단단한 제형의 크림이라 케이크 위에 데코레이션 하였을 때, 형태가 잘 무너지지 않습니다.
화려하고 섬세한 파이핑을 해야 하는 디자인 케이크에서는 주로 묵직한 크림치즈나 버터크림을 추천합니다.

Part. 3 lesson 1 데코레이션 크림 레시피

생크림

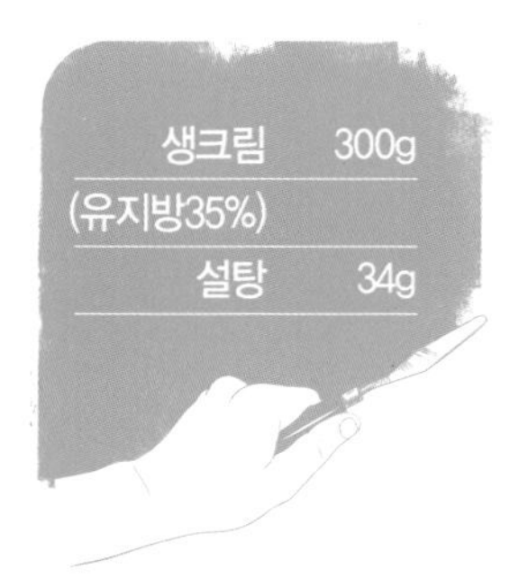

· 동물성생크림은 온도와 기포에 매우 민감하여, 쉽게 분리가 나 작업성이 좋지 않습니다. 꼭 생크림이 담긴 볼 밑에 얼음물을 받쳐 차가운 상태를 유지하며 빠른 속도로 작업합니다.

① 믹싱볼에 차가운 생크림과 설탕을 넣고, 얼음물이 담긴 믹싱볼을 받쳐 핸드 믹서 중속으로 휘핑합니다.

② 액체상태의 크림이 되직하게 농도가 생기기 시작하면 핸드믹서를 끄고, 주걱으로 볼 정리를 합니다.

③ 데코레이션 하는데 필요한 양만큼 덜어 냅니다. (생크림 아이싱: 약 180g)

④ 원하는 컬러를 넣고, 저속으로 휘핑합니다.

⑤ 아이싱에 알맞는 농도가 되면 휘핑을 멈추고, 주걱으로 크림 결을 정리한 뒤 사용합니다.

생크림 데코레이션

생크림으로 모양깍지 데코레이션을 하려면, 약간 부드럽게 휘핑하여 사용하는 것이 좋습니다. 부드럽고 수분감이 많은 크림 특성상 입체 꽃 깍지 나 레이스 특수깍지의 사용은 어렵습니다.

생크림 조색

1. 과일퓨레나 천연가루를 사용하여 색감을 내는 것을 추천합니다.
2. 생크림으로 아이싱을 하고 그 위에 버터크림으로 레터링을 하면 색 번짐 현상을 조금 늦출 수 있습니다.
3. 동물성 생크림이 작업성이 좋지 않다고 생각된다면, 식물성 생크림을 적당량 섞어 작업하는 방법이 있습니다. 이러한 경우 생크림 분리현상이 적어지며, 보수력이 좋아집니다.

생크림은 색소를 소량 사용하여도 발색이 아주 잘 됩니다. 원색에 가까운 컬러를 내기 위해 색소를 많이 넣고 섞게 되면, 크림이 금방 분리 나기 때문에 주로 파스텔톤으로 조색하는 편이 좋습니다.

생크림에 색소를 사용하고, 데코용 스프링클을 뿌리면 색 번짐 현상이 매우 빠르게 발생합니다. 금방 색이 번져 상품 가치가 떨어지므로 식용 꽃이나 허브, 과일을 이용하여 장식하는 것을 추천합니다.

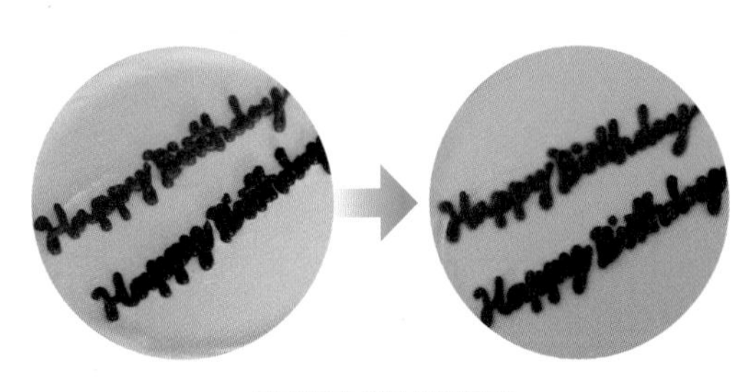

생크림의 색소 번짐현상

버터크림 크림치즈 

버터크림 · 크림치즈 · 생크림 번짐 비교

치즈크림 만들기

크림치즈	500g
버터	300g
슈가파우더	180g

· 작업 전 버터와 크림치즈는 미리 꺼내 둡니다. 손가락이 움푹 들어갈 정도의 실온상태 에서 사용합니다.

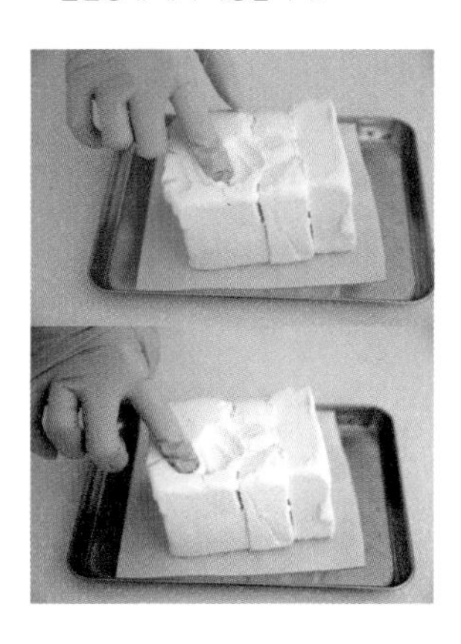

① 믹싱볼에 버터를 넣고, 비터를 이용해 중속으로 공기 포집합니다.

② 공기 포집 한 버터를 다른 볼에 옮겨 둡니다.

③ 믹싱볼에 크림치즈를 넣고, 중-고속으로 휘핑합니다.

④ 말랑하게 풀어놓은 크림치즈에, 슈가파우더를 넣습니다.

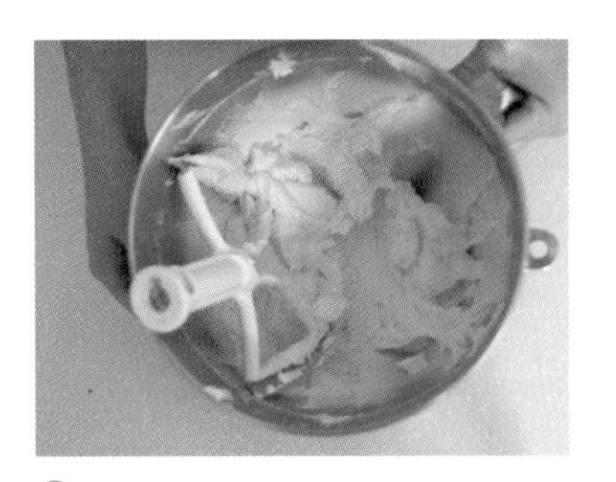

⑤
크림치즈의 작은 덩어리가 남아 있지 않을 때까지 비터를 이용하여 중고속으로 휘핑합니다.

⑥
덩어리 없이 매끈하게 풀어놓은 크림치즈에, 미리 공기 포집해둔 버터를 넣습니다.

⑦
두 재료가 완전히 섞일 때까지 중-고속으로 휘핑하면, 데코레이션용 치즈크림이 완성됩니다. (크림이 너무 단단하다면 생크림을 소량 섞어 부드럽게 만들어 사용하셔도 됩니다.)

크림치즈 데코레이션

크림치즈 크림은 아이싱 & 데코레이션 후 이틀 이상 지나면 표면이 갈라지는 현상이 생길 수 있습니다. 그러므로 크림치즈로 데코레이션한 케이크는 빠르게 섭취하는 것이 좋습니다.

크림치즈 조색

크림치즈는 묵직하고 찐득한 질감의 크림입니다. 크림치즈 크림 자체가 약간 노란 아이보리빛을 띄기 때문에, 크림에 화이트 색소를 넣어, 크림 자체를 하얗게 만들어주어야 정확한 조색을 할 수 있습니다.

크림치즈 크림은 색소를 넣었을 때 발색이 잘 되는 편이지만, 진한 컬러를 내기 위해서는 색소가 꽤 많이 필요합니다. 케이크를 완성하고 난 뒤, 하루 정도 지나면 서서히 색소 번짐 현상이 생길 수 있습니다.

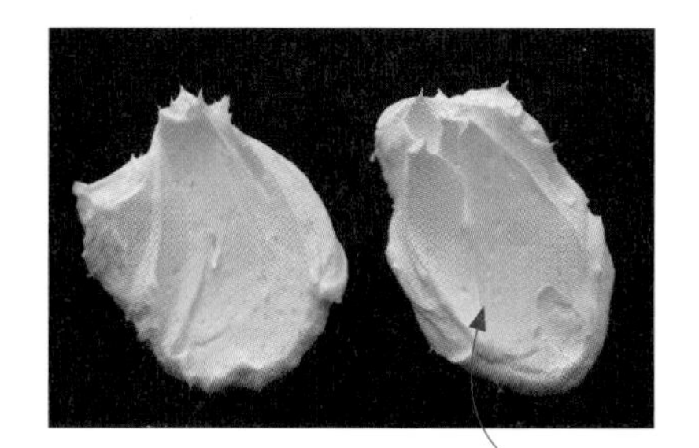

화이트색소 사용

Sweethertz Design Cake
lesson
3
Part. 3
데코레이션 크림 레시피

버터크림 만들기

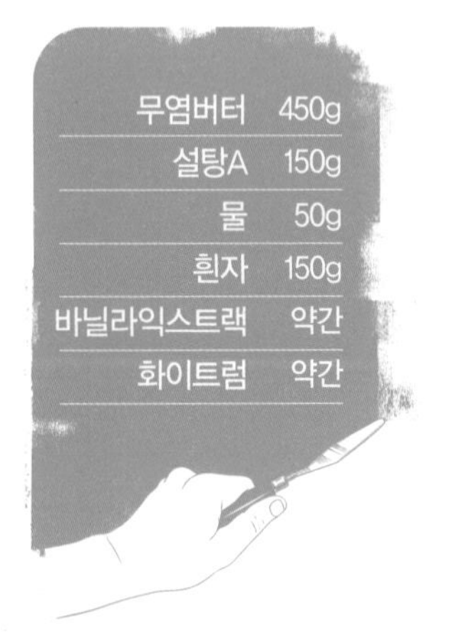

무염버터	450g
설탕A	150g
물	50g
흰자	150g
바닐라익스트랙	약간
화이트럼	약간

· 버터는 실온상태 18℃로 준비합니다.

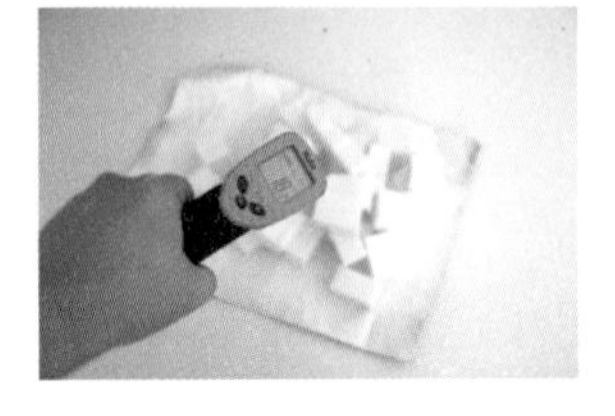

①
냄비에 설탕A와 물을 넣고 118℃까지 끓입니다.

②
설탕청을 끓이기 시작함과 동시에 믹싱볼에 흰자를 넣고 60% 머랭을 만듭니다. (머랭이 다 올라올 동안 시럽온도가 오르지 않았다면, 머랭 휘핑을 멈추고, 설탕청이 118℃로 끓어오를 때까지 대기합니다.)

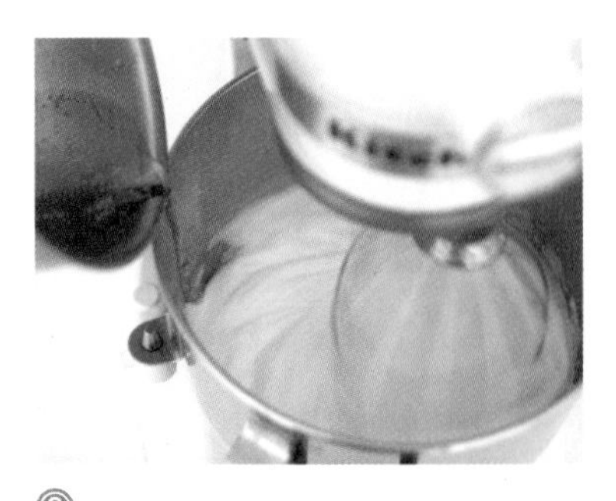

③
설탕청이 118℃가 되면, 머랭을 고속으로 휘핑 하면서 설탕청을 천천히 부어 줍니다. (이탈리안머랭 완성)

④
시럽을 다 부으면 계속 고속으로 휘핑하면서 머랭을 미지근하게 식힙니다. (36℃)

⑤
충분히 식힌 머랭에 조각 낸 상온의 버터 (18℃)를 넣고, 완벽히 혼합될 때까지 고속으로 휘핑합니다.

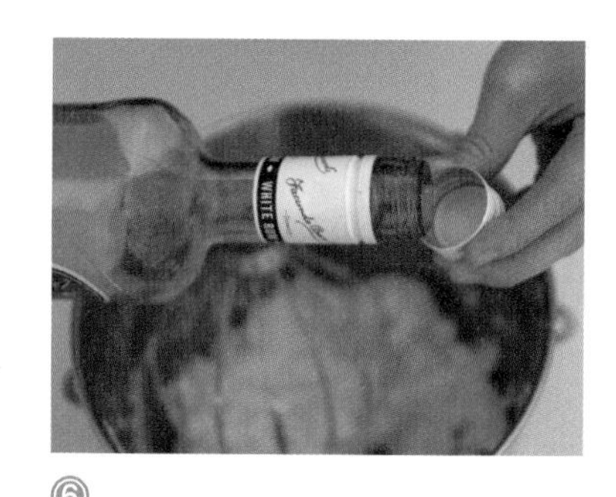

⑥
마지막으로 바닐라익스트랙과 화이트럼을 넣습니다.

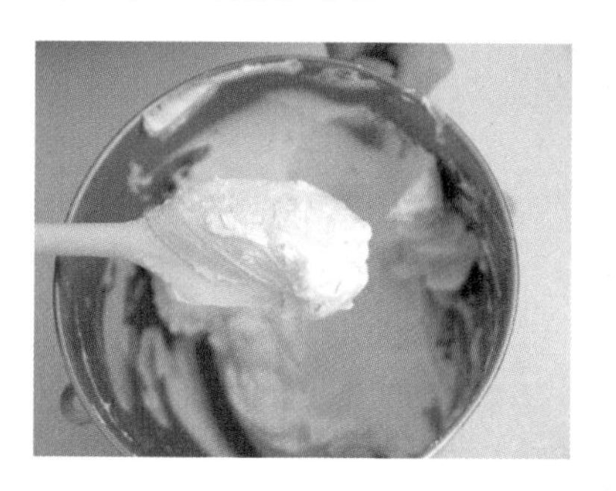

⑦
고속으로 휘핑하여 바닐라풍미 가득한 버터크림을 완성합니다.

버터크림 데코레이션

버터크림은 단단하면서도 부드러운 질감으로, 섬세하게 모양을 잘 잡아주기 때문에 데코레이션하기 아주 적합한 크림입니다. 손이 뜨거우면 버터크림이 녹아 작업이 어렵습니다. 장갑을 끼고 작업을 하거나, 작업 중간중간 아이스팩에 손을 올려두어 차갑게 한 뒤 작업하면 크림이 녹는 걸 방지할 수 있습니다.

버터크림 조색

버터크림은 수용성 혹은 지용성 색소 모두 사용이 가능합니다. 책에서는 데코레이션 크림에 공통으로 수용성 색소를 사용하였습니다.

컬러가 조금 뒤늦게 발색 되므로, 정확한 발색을 위해선 20분 정도 시간 차이를 두고 조색을 하는 게 좋습니다. 버터크림은 시간이 지나도 번짐 현상이 없습니다.

조색 & 배색

- Lesson 1. 조색
- Lesson 2. 배색

조색

국내에 정식으로 수입허가 된 윌튼 & 셰프 마스터 식용색소를 사용합니다.

크림에 원하는 색소를 넣어 주걱으로 섞어서 사용합니다.

시간이 지나면 원래의 색상보다 한 톤 더 진해지므로, 처음부터 색소를 많이 넣지 않도록 주의하세요.

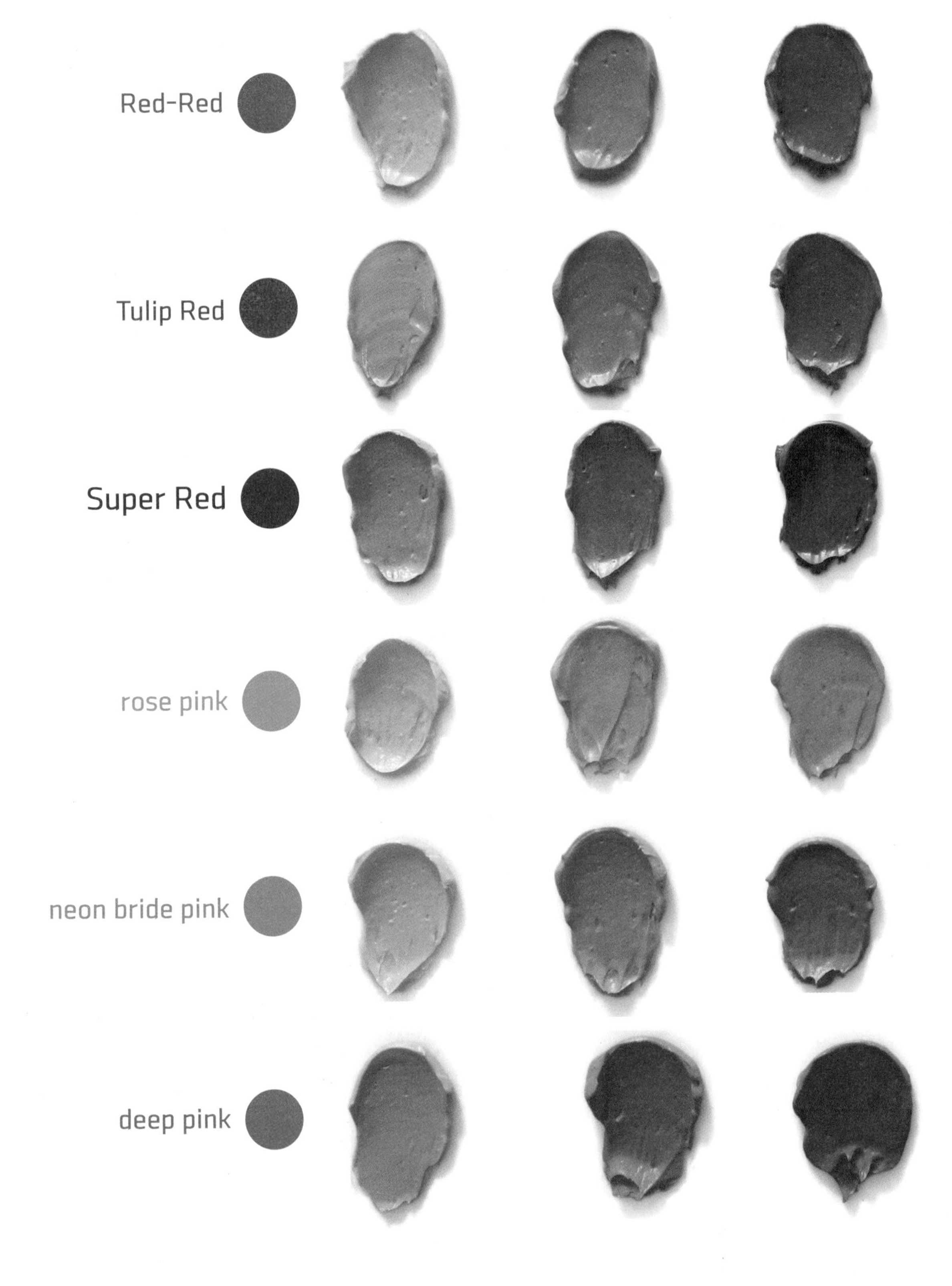
Red-Red
Tulip Red
Super Red
rose pink
neon bride pink
deep pink

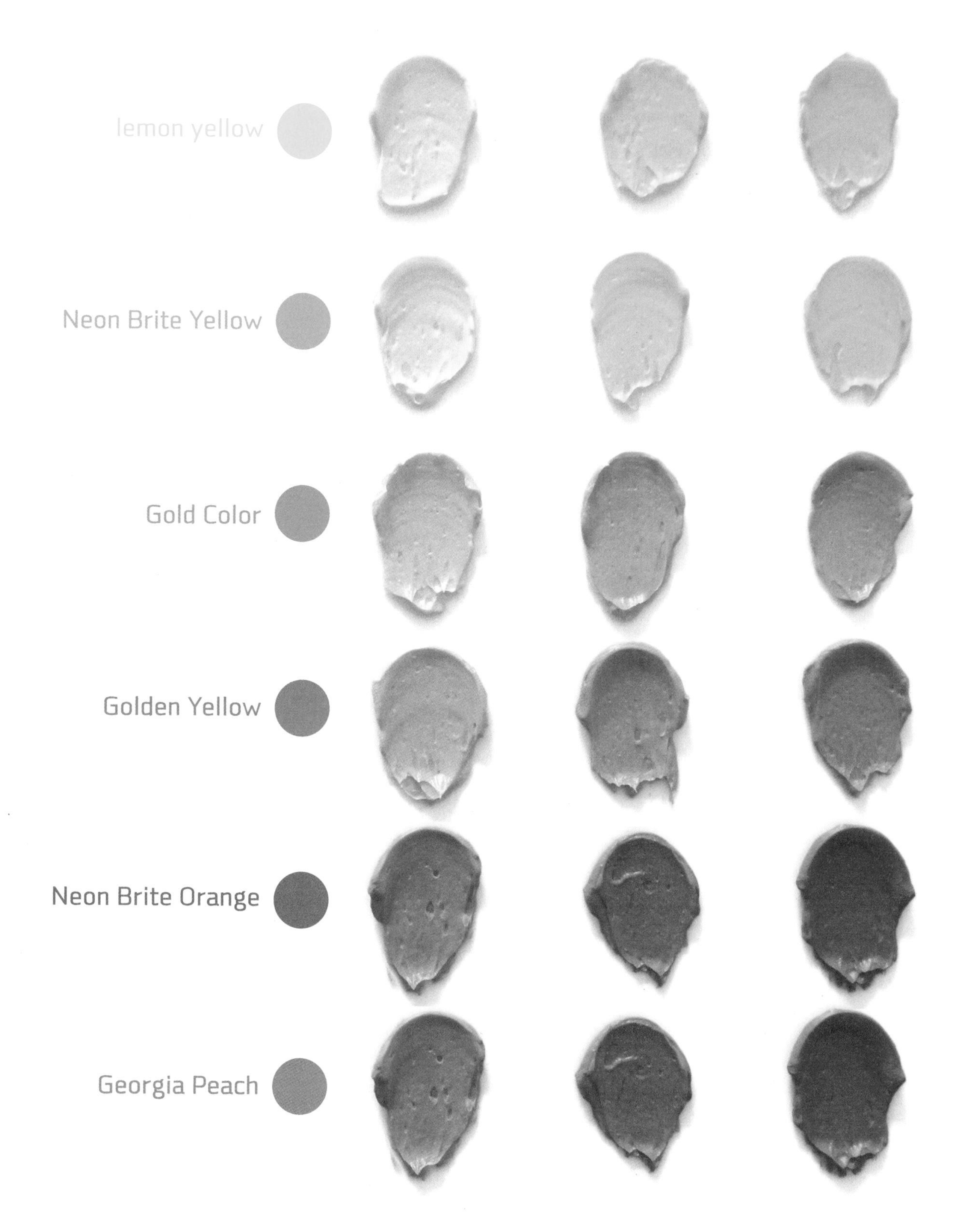
lemon yellow
Neon Brite Yellow
Gold Color
Golden Yellow
Neon Brite Orange
Georgia Peach

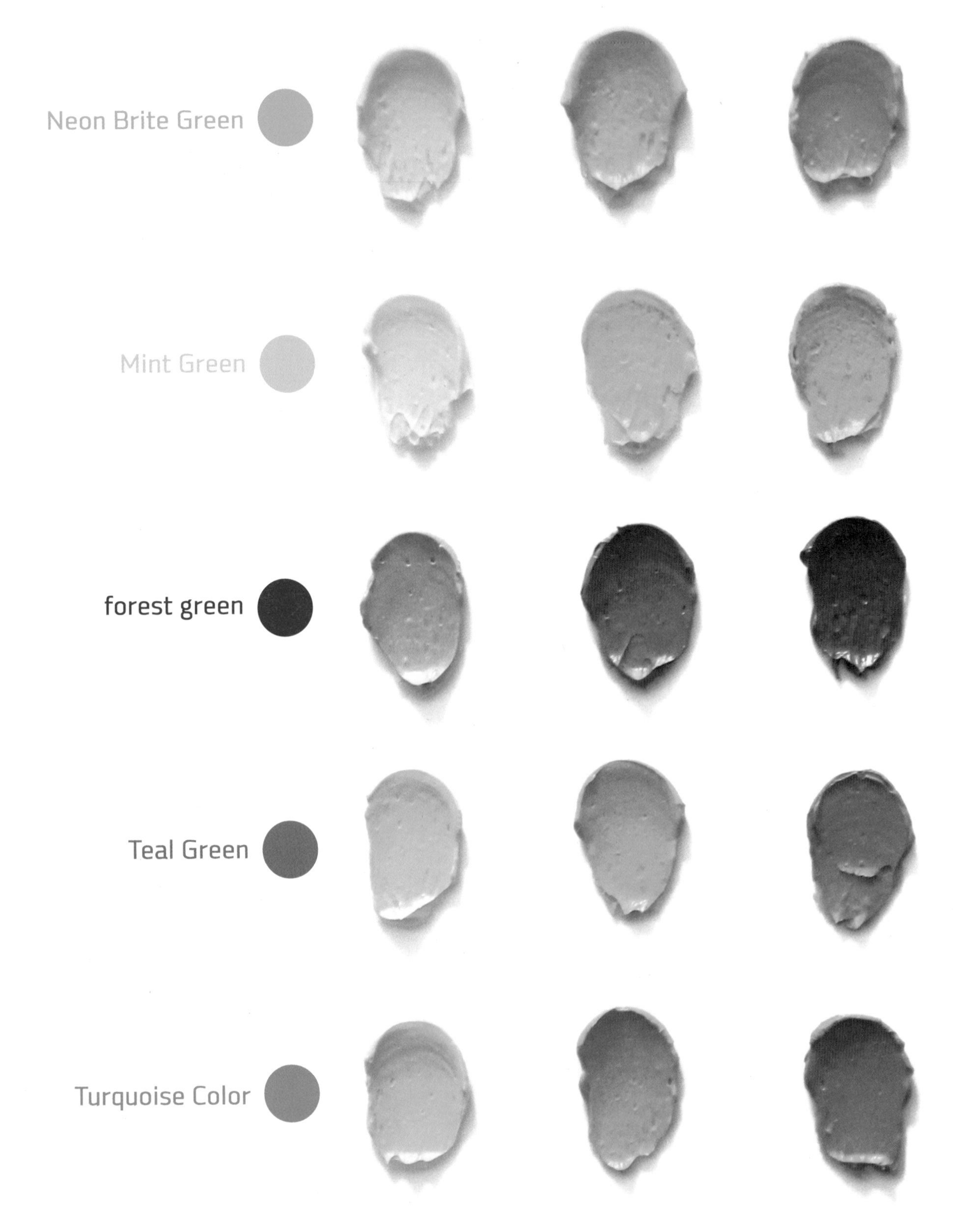
Neon Brite Green
Mint Green
forest green
Teal Green
Turquoise Color

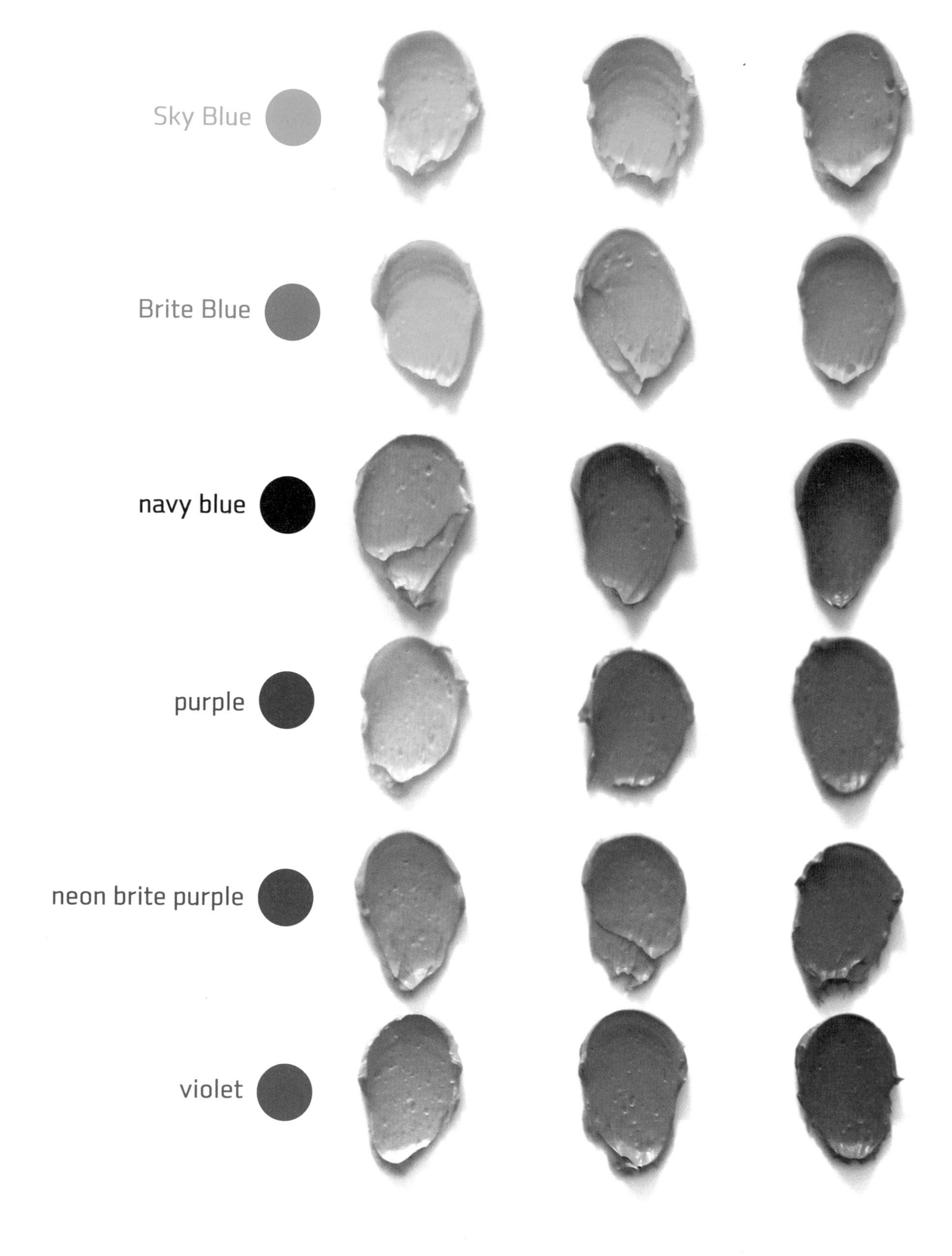
Sky Blue
Brite Blue
navy blue
purple
neon brite purple
violet

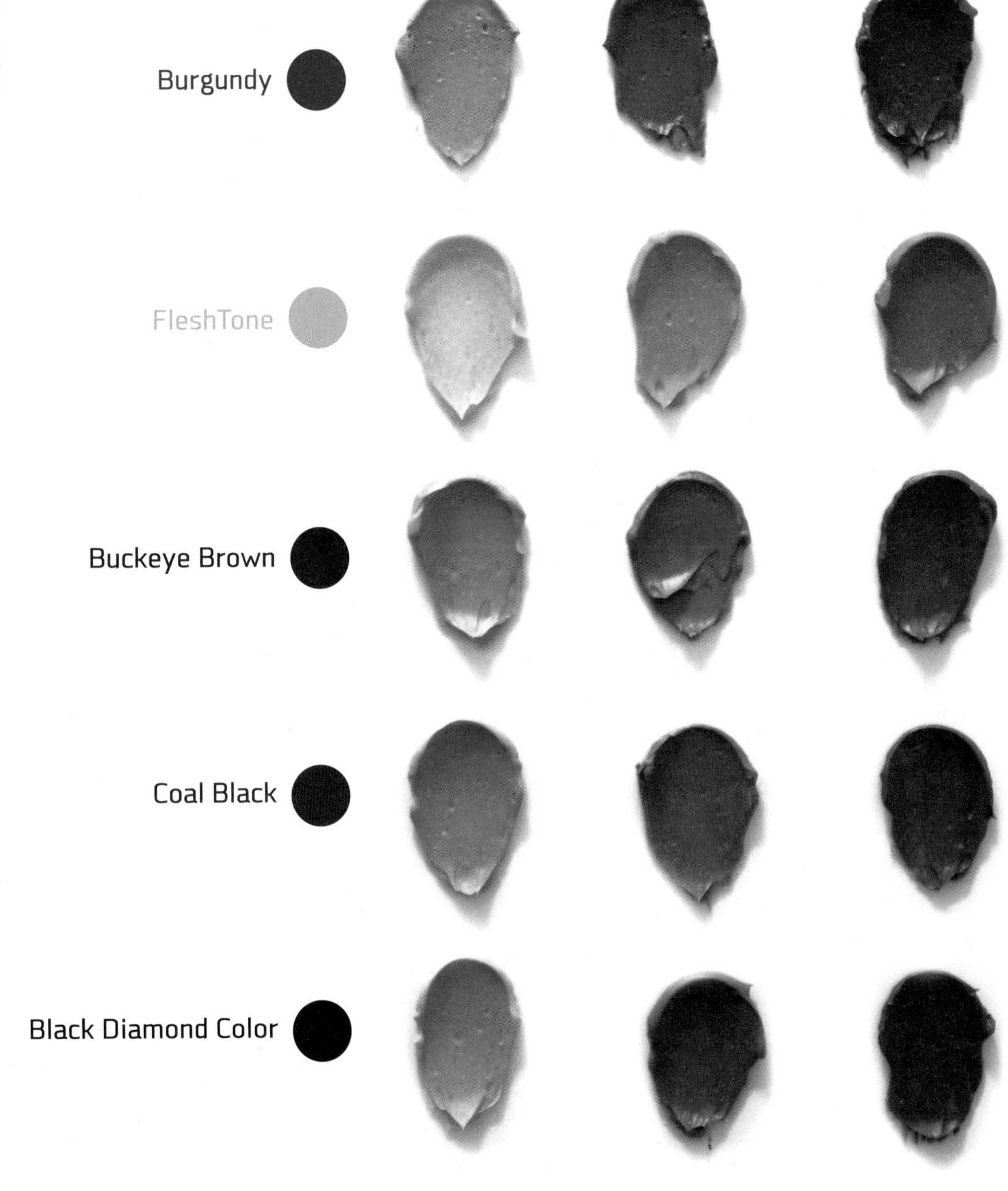
Burgundy
FleshTone
Buckeye Brown
Coal Black
Black Diamond Color

조색샘플

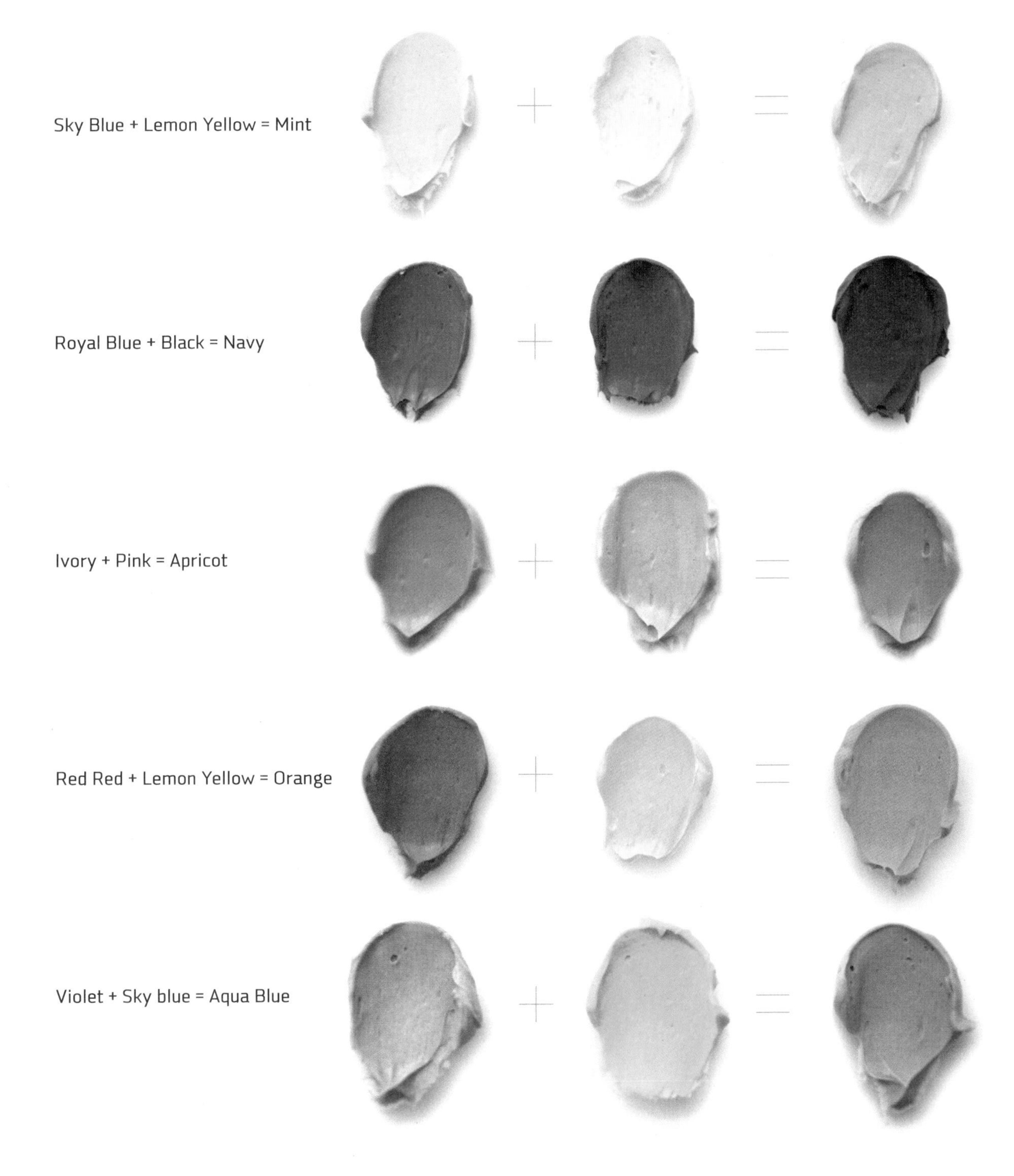
Sky Blue + Lemon Yellow = Mint
Royal Blue + Black = Navy
Ivory + Pink = Apricot
Red Red + Lemon Yellow = Orange
Violet + Sky blue = Aqua Blue

배색

유사색을 이용한 배색방법

톤인톤

유사색상, 유사색조로 동일 한 톤으로 서로 다른 색상을 배색하는 방법입니다.

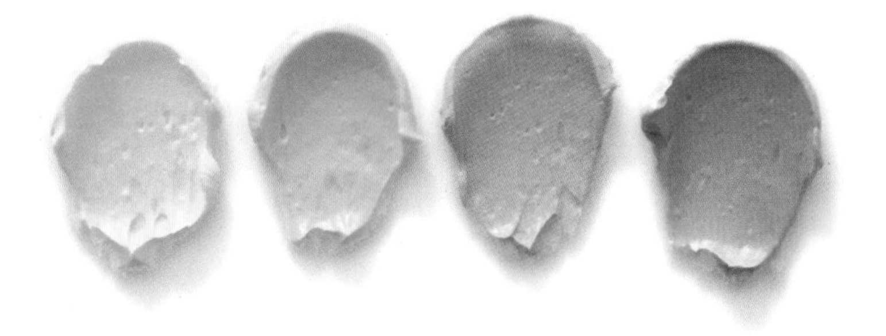

톤온톤

동일색상에서 명도나 채도를 변화시켜, 톤을 다르게 둔 배색방법입니다.

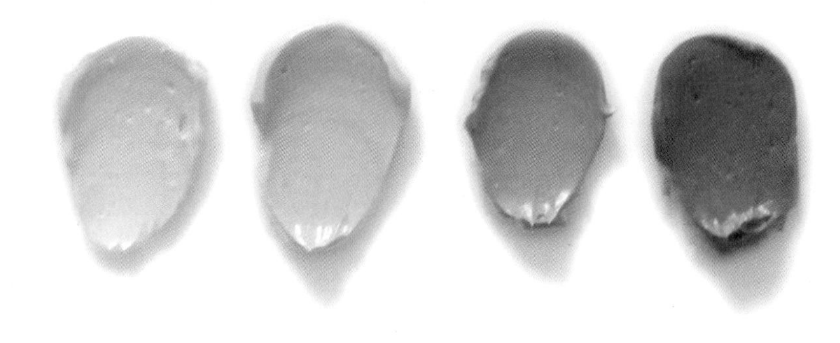

반대색을 이용한 배색 방법

보색

특정 한가지 색에 반대에 있는, 색상환에서 마주 보고 있는 색입니다.

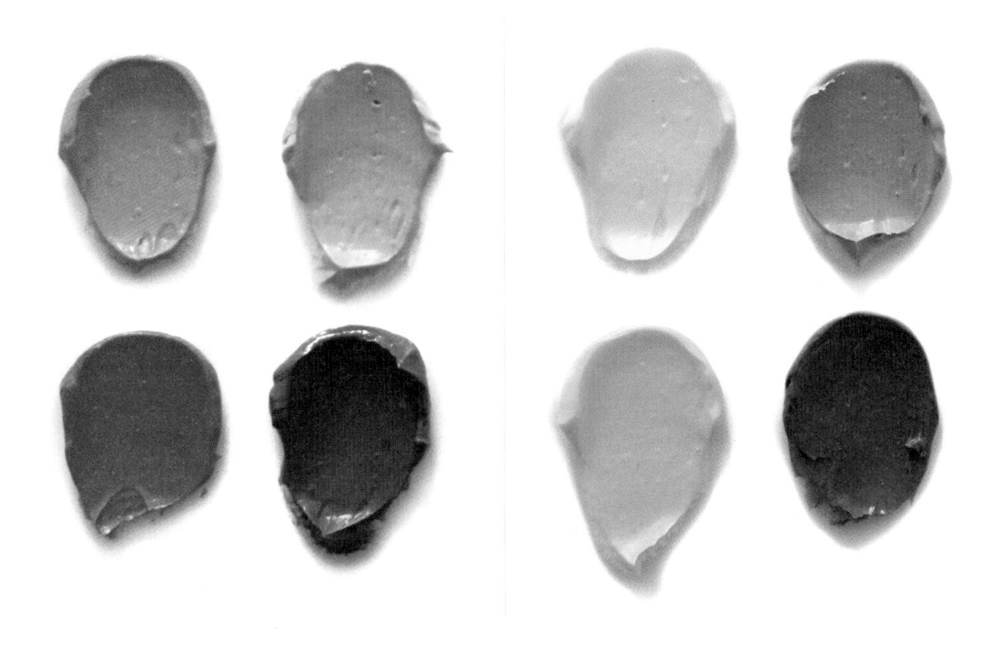

아이싱 테크닉

- Lesson 1. 원형 아이싱
- Lesson 2. 하트 아이싱
- Lesson 3. 질감표현 아이싱
- Lesson 4. 모양깍지 아이싱
- Lesson 5. 믹스컬러 아이싱

스패튤러 잡는 방법

8인치 스패튤러를 주로 사용합니다. 스패튤러 날 위에 검지손가락를 올려놓고 손잡이를 가볍게 감싸쥡니다.

엄지손가락과 중지손가락으로 스패튤러의 양쪽날을 받쳐 손목스냅으로 가볍게 크림을 밀어펴 발라줍니다.

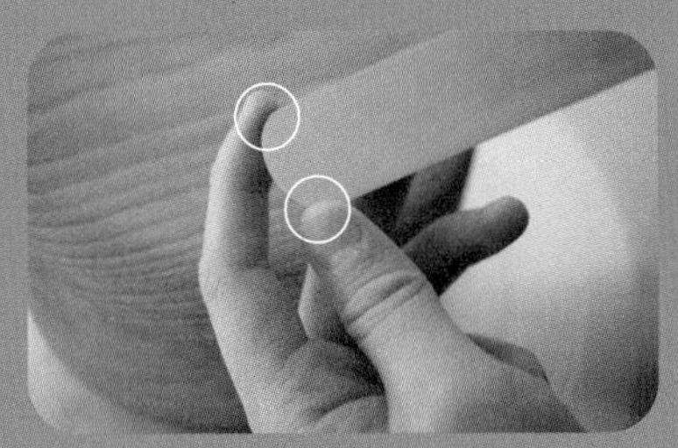

오른손 잡이는 스패튤러 날의 오른쪽 끝 부분, 왼손잡이는 왼쪽 끝 부분으로 중심을 잡습니다.

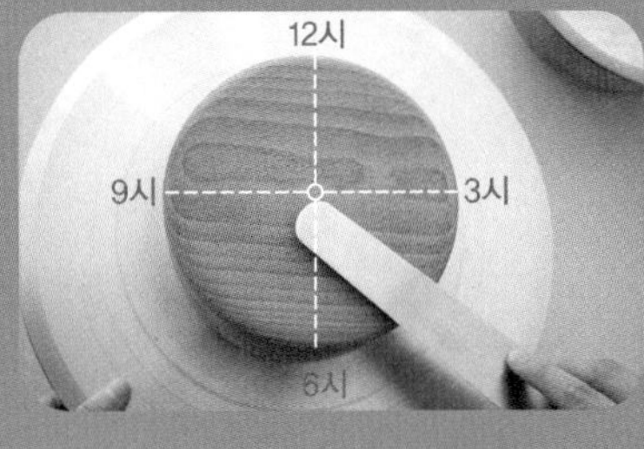

윗면 자세

스패튤러의 오른쪽 끝은 원의 중심에, 날은 4시방향에 둡니다.

옆면자세

스패튤러를 수직으로 세웁니다. 오른쪽날은 7시방향에, 케이크와 스패튤러의 각은 15°입니다.

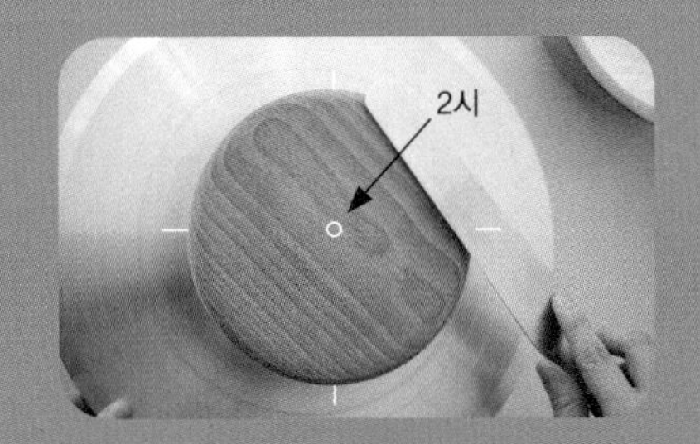

윗면 정리

스패튤러 오른쪽 날을 2시에서 7시 방향으로 움직입니다. 위로 올라온 크림을 깎아내 깔끔하게 정리합니다.

라운드 아이싱

스패튤러를 이용한 라운드 아이싱

케이크 겉면을 깔끔하게 펴 바르는 것을 아이싱 (icing) 이라고 합니다.

1호 사이즈 원형 케이크를 아이싱 하기 위해 생크림은 180g, 크림치즈크림과 버터크림은 300g이 필요합니다.

① 크림을 한 주걱 크게 떠 케이크 윗면에 올립니다.

② 스패튤러 머리의 오른쪽 끝부분은 케이크의 중앙에, 오른쪽 날은 4시 방향에 놓습니다. (윗면 기본자세)

③
2시 방향으로 크림을 왼쪽 날로 밀어냈다가, 다시 ②의 기본자세로 되돌아오며 크림을 펼쳐줍니다.

④
스패튤러를 밀어 펴기를 반복하여 윗면에 크림을 바릅니다.

⑤
윗면 기본자세를 고정한 채 돌림판을 돌리며 크림을 매끈하게 정리합니다.(윗면 크림은 5mm 정도가 적당합니다.)

⑥
스패튤러의 오른쪽 날을 옆면에 수직으로 세웁니다. 윗면 아이싱을 하며 흘러내린 크림을 옆면에 발라줍니다. (스패튤러의 위치: 7시방향, 케이크와 스패튤러의 각도: 15°)

⑦
스패튤러의 오른쪽 날로 크림을 끌어당겨, 크림이 없는 부분에 스패튤러의 왼쪽 날로 펼쳐주며 케이크가 보이지 않게 크림을 발라줍니다.

⑧
전체적으로 옆면에 크림이 도포되면, 스패튤러를 수직으로 세운 자세를 고정한 채, 돌림판을 빠르게 돌려 매끄럽게 정리합니다.

⑨
케이크 옆면을 정리하면서 위로 올라온 크림을 깎아내 각을 만들어줍니다. 이때 스패튤러를 눕혀 케이크 바깥쪽 2시 방향에서 안쪽으로 지나갑니다.

⑩
⑨과정을 반복하여 전체적으로 깔끔하게 각을 만들어 아이싱을 마무리합니다. (스패튤러에 묻어 난 크림을 깨끗하게 닦아가며 사용합니다.)

⑪
물티슈나 행주로, 케이크 바닥에 묻어난 크림을 깨끗하게 닦아내어 마무리합니다.

스크래퍼를 이용한 라운드 아이싱

①
스패튤러를 이용한 라운드 아이싱 1-7번 과정과 동일 한 방법으로 진행합니다.

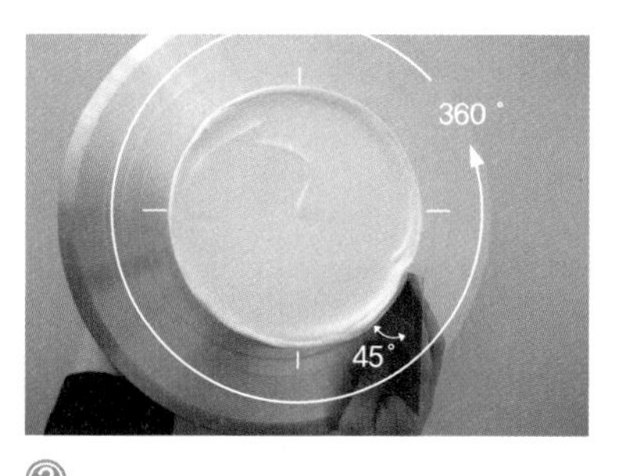

②
민자 스크래퍼를 4시방향에 놓고 직각으로 세운 채, 돌림판을 360°회전 시켜 옆면을 깔끔하게 정리합니다.

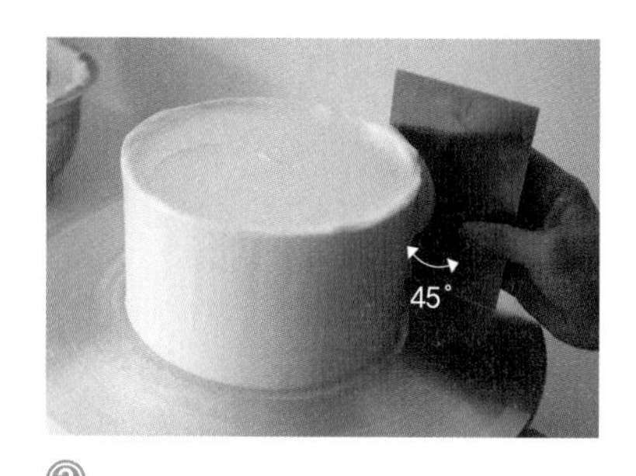

③
케이크와 스패튤러 사이의 각은 45°입니다. (스패튤러가 90°로 열려있으면 크림이 모두 깎여, 케이크가 비칠 수 있습니다.)

④
스패튤러 라운드아이싱 9-10번 과정과 동일한 방법으로 케이크 윗면을 정리합니다.

⑤
물티슈로 바닥에 묻어 난 크림자국을 닦아내어 아이싱을 마무리합니다.

하트 아이싱

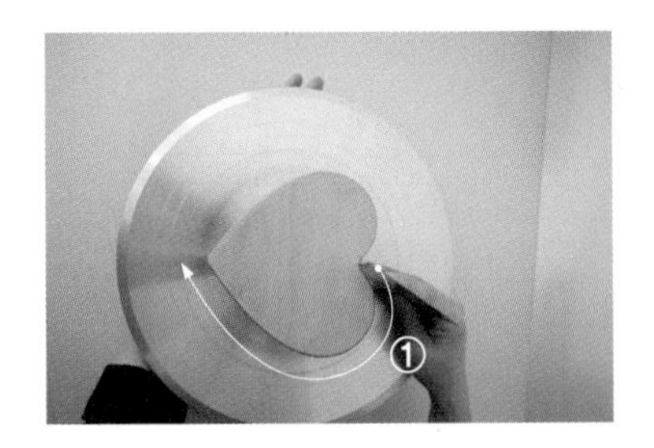

①
18인치 짤주머니에 아이싱에 필요한 크림(300g) 을 넣습니다.

②
짤주머니를 이용하여 케이크 전체에 일정한 두께로 크림을 발라줍니다.

③
하트의 움푹 파인 부분에 스크래퍼를 두고, 왼손으로 돌림판을 돌리며 1번 화살표 방향으로 스크래퍼를 움직여 매끈하게 정리합니다.

④
하트의 꼬리 부분이 오른쪽을 향하게 두고, 2번 화살표 방향으로 스크래퍼를 움직여 매끈하게 정리합니다.

⑤
하트의 파인 부분이 아래로 향하게 두고, 스크래퍼를 가운데에 놓고 3번 화살표 방향으로 짧게 움직여 정리합니다.

⑥
케이크의 표면이 매끈해질 때까지 4-6번 과정을 반복합니다.

⑦
윗면 정리는 하트의 꼭지 부분부터, 시계 반대 방향으로 차근차근 깎아나가기 시작합니다.

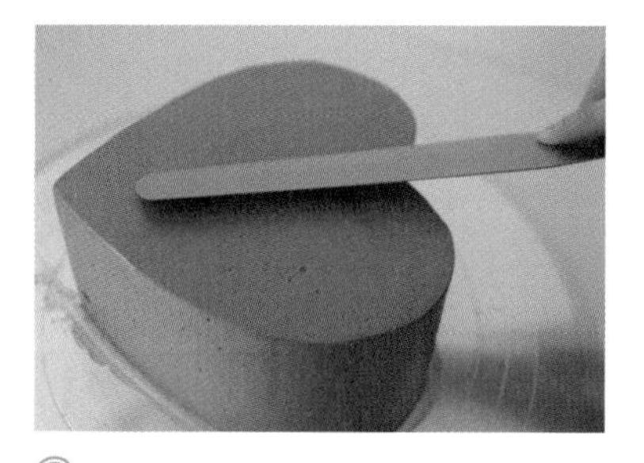

⑧
하트모양의 각이 완성되면, 케이크 윗면이 깔끔해지도록 스패튤러를 이용하여 매끈하게 정리합니다.

⑨
물티슈로 바닥에 묻어 난 크림 자국을 닦아내어 아이싱을 마무리합니다.

질감표현 아이싱

스패튤러, 붓, 포크, 스크래퍼 등 다양한 도구를 이용하여 질감을 표현할 수 있습니다.

스월(소용돌이 무늬)

①
스패튤러 머리 부분의 오른쪽 날을 11시 방향에 둡니다.

②
돌림판을 돌리며, 스패튤러로 선을 그리면서 케이크 안쪽으로 들어오며 무늬를 만들어줍니다.

③
스패튤러가 케이크 중심으로 오면, 가볍게 스패튤러를 떼어 마무리합니다.
(옆면은 아래에서부터 위로 올라가는 방법으로 스월무늬를 내는 것이 좋습니다.)

버티컬

①
스패튤러를 케이크 옆면에 대고 수직으로 세웁니다.

②
스패튤러에 살짝 힘을주어 크림을 누르면서 버티컬 무늬를 만들어줍니다. 이때, 케이크 상단부에 가까워질수록 힘을 풀어주어 크림이 깎이지 않게끔 주의합니다.

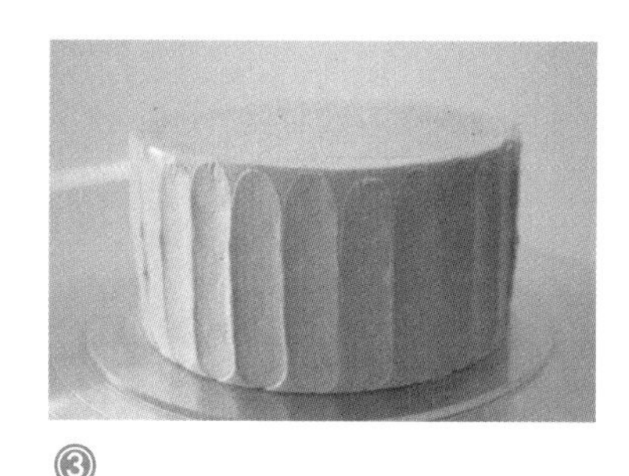

③
옆면 전체에 버티컬 무늬를 만들고 나면, 케이크 윗면을 깔끔하게 정리합니다.

러프한 스타일

①
스패튤러 날을 케이크 윗면에 자유롭게 스쳐 지나가며, 러프 한 질감을 만들어줍니다.

②
케이크의 둥근 테두리 부분은 돌림판을 돌리며 질감 표현합니다.

③
케이크의 옆면도 같은 방법으로 자연스럽게 질감을 만들어줍니다.

사이드 라인

①
케이크 옆면에 원하는 무늬의 사이드 라인스크래퍼를 선택합니다.

②
스크래퍼 아이싱 2,3번 과정을 참고하여 사이드라인 무늬를 냅니다.

③
사이드라인이 완성되면 위로 올라온 크림을 깔끔하게 정리하거나, 자연스럽게 그대로 두어도 좋습니다.

모양깍지 아이싱

스패튤러와 스크래퍼를 이용한 깔끔한 아이싱이 어렵다면, 모양깍지를 이용하여 아이싱을 해보세요.

원형깍지 (805번)

①
원형깍지로 크림을 동그랗게 파이핑합니다.

②
스패튤러로 크림을 밀어 폅니다.

③
아래에서 위로 올라가는 방법으로 크림을 파이핑 하고 밀어 펴주어야 깔끔하게 무늬를 낼 수 있습니다.

④
1-3번 과정을 반복하여 케이크 전체에 무늬를 내 원형깍지를 이용한 아이싱을 완성합니다.

별깍지 (192K)

①
케이크 옆면에 192K 깍지를 이용하여 ↻ 모양으로 크림을 파이핑합니다. (별깍지 8자짜기 파이핑방법 과정 참고)

②
케이크 전체에 같은 방법으로 크림을 파이핑합니다.

③
파이핑하고 난 모양 중간에 빈 곳이 있다면, 아라잔을 붙여 마무리하여도 좋습니다.

페탈깍지(104번)

①
페탈깍지를 케이크 옆면에 붙인 채, 돌림판을 돌리며 크림을 파이핑합니다.

②
중간에 크림이 끊겨도, 다음 크림에 의해 가려지므로 편하게 파이핑 해도 괜찮습니다.

③
자연스럽게 프릴이 생기도록 차근차근 위로 올라가며 크림을 파이핑하여 페탈깍지 아이싱을 완성합니다.

바구니빗살깍지 (895번)

①
깍지를 세로로 파이핑합니다.

②
깍지 크기만큼의 간격을 두고, 가로로 3줄 파이핑합니다.

③
1번에 파이핑한 세로줄을 간격에 맞춰 한 번 더 파이핑합니다.

④
교차되어 엮여있는 모양으로 2줄 가로로 파이핑합니다.

⑤
1~4번 과정을 반복하여 바구니빗살깍지를 이용한 아이싱을 마무리합니다.

믹스컬러 아이싱

아기자기하고 화려한 컨셉의 케이크로 디자인하길 원한다면, 여러 가지 컬러를 사용하여 아이싱해보세요.

①
두 가지 컬러 중 한 가지 크림을 하단에 3줄 일정한 두께로 파이핑합니다.

②
나머지 빈 옆면과 윗면을 다른 컬러로 채워줍니다.

③
민자 스크래퍼를 이용해 옆면을 깔끔하게 정리합니다. 이때 컬러가 서로 섞이지 않도록, 스크래퍼를 깨끗하게 닦아가며 사용합니다.

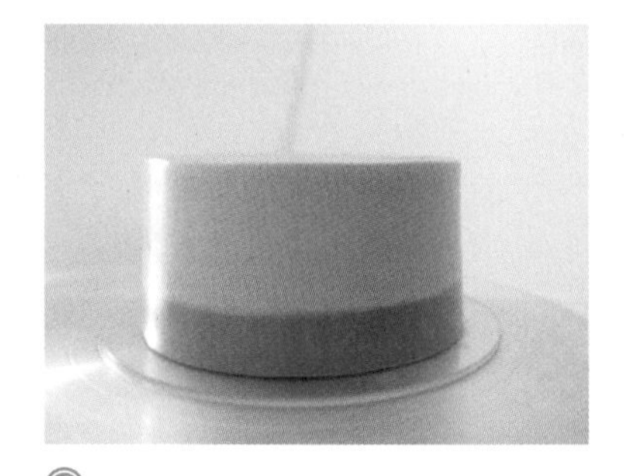

④
케이크 윗면도 깔끔하게 정리하여 투톤 아이싱을 완성합니다.하게 정리합니다.

스트라이프

①
아이싱한 케이크에 스트라이프 스크래퍼를 이용하여 포인트 컬러를 채울 홈을 파줍니다.

②
크림이 파인 부위에 포인트 컬러를 채웁니다.

③
민자 스크래퍼를 이용해 옆면을 정리하면 스트라이프 아이싱이 완성됩니다.

④
옆면의 스트라이프 아이싱이 완성되면, 윗면을 정리하여 스트라이프 아이싱을 마무리합니다.

그라데이션 

①
케이크 위에 3가지 컬러의 크림을 파이핑 합니다.

②
최대한 크림이 겹치지 않도록 번갈아가며 파이핑합니다.

③
케이크에 크림이 모두 채워지면, 스크래퍼나 스패튤러를 이용하여 아이싱을 합니다.

④
스패튤러를 깨끗하게 닦아가며 그라데이션 아이싱을 완성합니다.

믹스터치

①
크림을 스패튤러 머리 끝부분으로 떠올립니다. 스패튤러 바깥으로 튀어나온 크림은 깨끗하게 닦습니다.

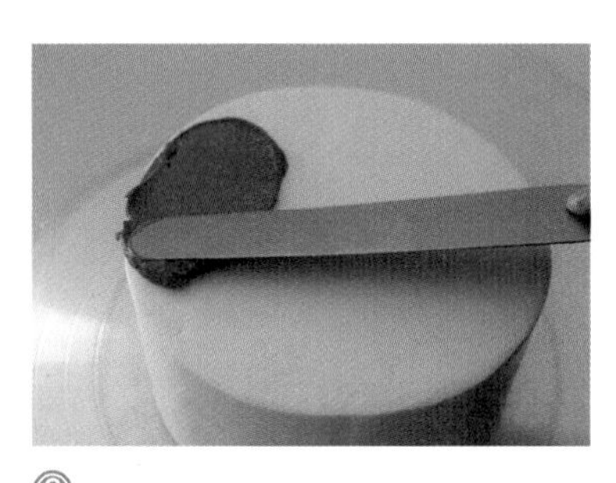

②
크림을 원하는 위치에 발라줍니다. (케이크는 아이싱하여 냉장상태로 준비합니다.)

③
컬러별로 크림 바르는 순서를 계획하여 컬러가 섞이지 않도록 해야 합니다.

④
옆면도 동일 한 방법으로 자유롭게 컬러를 발라, 믹스터치 아이싱을 완성합니다.

모양깍지 테크닉

■ Lesson 1. 레터링
■ Lesson 2. 원형깍지
■ Lesson 3. 별깍지
■ Lesson 4. 페탈깍지
■ Lesson 5. 리프깍지
■ Lesson 6. 러플깍지
■ Lesson 7. 이 외의 다양한 깍지
■ Lesson 8. 피규어 파이핑
■ Lesson 9. 패턴 파이핑

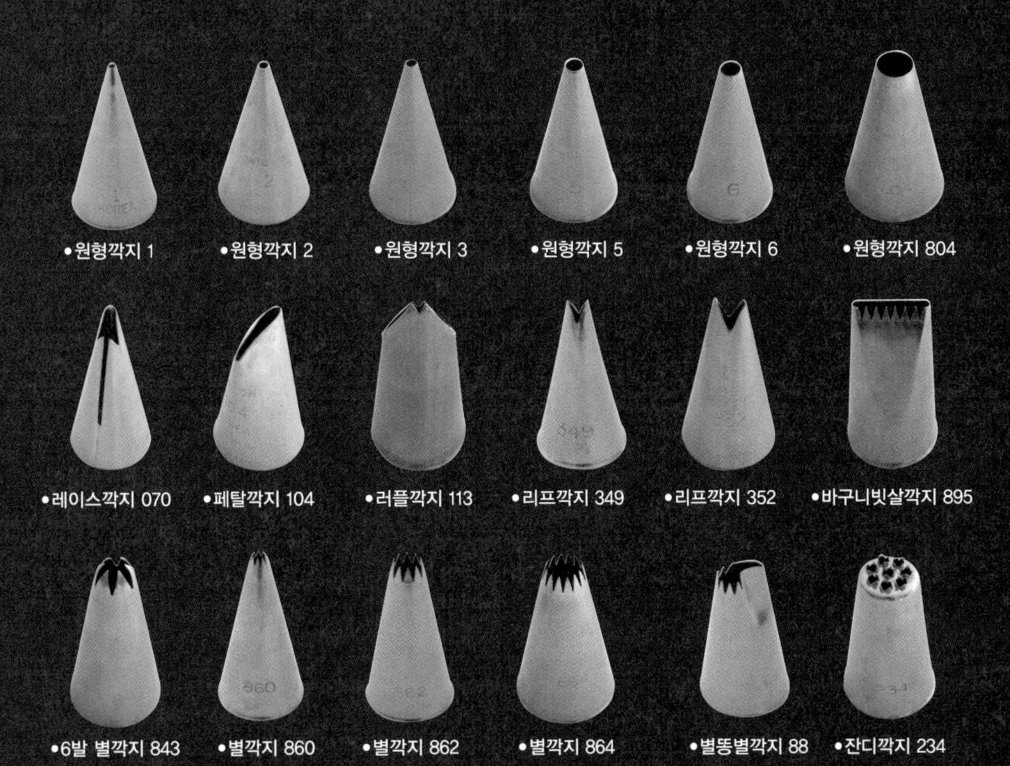

모양깍지 파이핑시 중요한 요소

ꞁ 각도

케이크 윗면, 옆면, 하단 위치에 따라 파이핑 해야하는 각도가 달라집니다.
대부분의 깍지 파이핑은 90°, 45°에서 이루어집니다.

ꞁ 압력

일정한 압력으로 크림을 파이핑 하거나 서서히 힘을 주고, 풀어가며
자유자재로 컨트롤 할 수 있어야 합니다.
이때, 크림을 짜는 힘과 지나가는 속도의 합이 맞아야 볼륨감 있고
깔끔한 모양을 만들 수 있습니다.

ꞁ 일관성

처음 파이핑 한 모양과 마지막으로 파이핑 한 모양이 같아야 합니다.
일정한 모양의 데코레이션을 하기 위해선, 각도와 압력을 일관적으로
파이핑 할 수 있도록, 반복훈련이 필요합니다.

레터링

선짜기

레터링을 깔끔하게 하기 위해선 일정한 힘으로 파이핑하는 연습을 해야합니다.
크림을 파이핑 하면서, 천천히 움직여가며 선을 그려보세요.

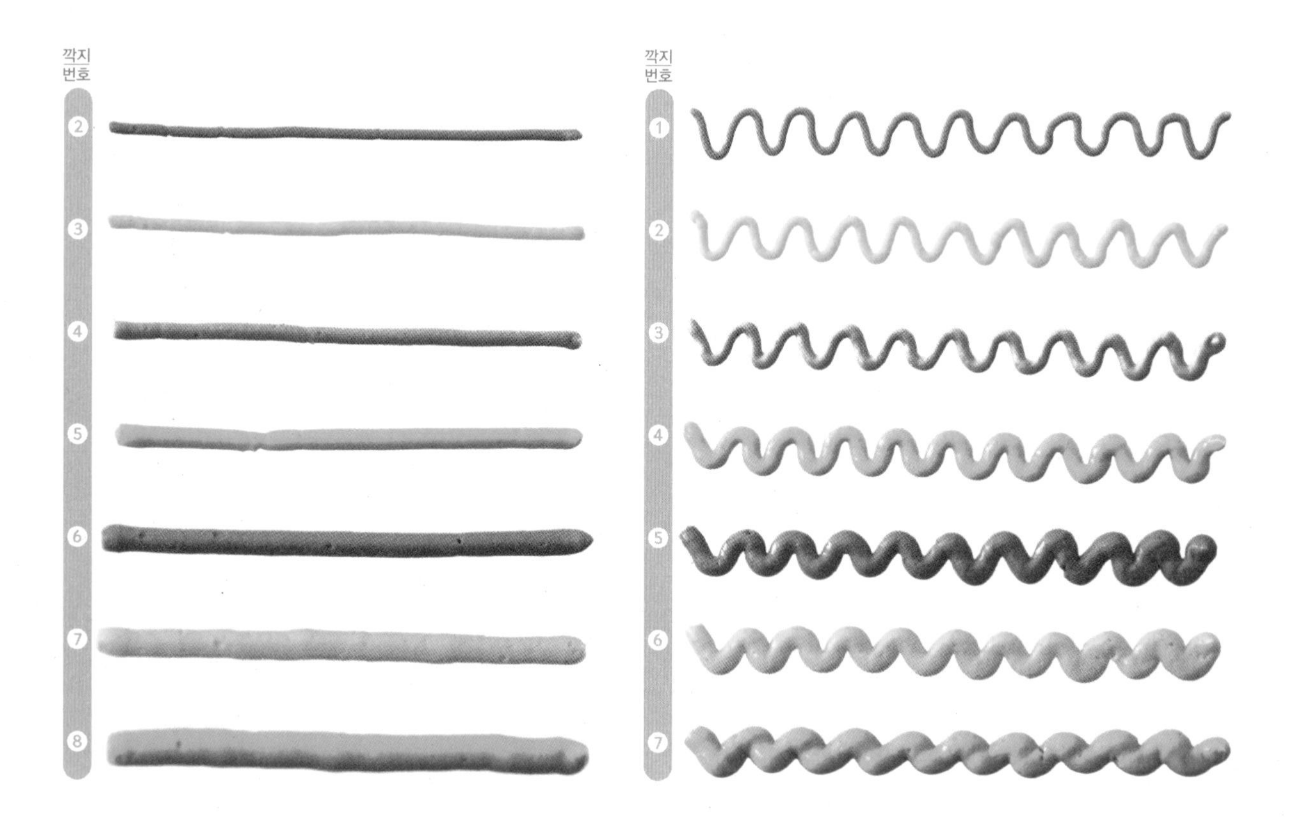

레터링

레터링 작업에 따라 케이크의 완성도가 달라질 수 있습니다.

획이 많은 한글의 경우 영문보다 글자 배열(자음 모음의 간격, 글자의 너비와 높이)에 신경써야 합니다. 1호 원형케이크 기준으로 6-8자이내, 최대 2문단 정도 레터링하는 것을 추천합니다.

천천히 연습하면서 자신만의 글씨체를 만들어 보세요.

영문 레터링

영문 철자의 경우'ㅣ,o,(,)'자로 이루어져 있어, 한글 레터링보다 쉽습니다. 영문의 경우 12자8-12자 이내, 최대 2문단 정도 레터링하는 것을 추천합니다.

2 생일 축하해
3 생일 축하해요
4 생신 축하드려요
5 생일 축하 합니다

한글 레터링

2 HAPPY BIRTHDAY
3 happy birthday
4 happy birthday
5 Happy Birthday

영문 레터링

이중으로 겹쳐 쓰기

① 바탕으로 깔아줄 컬러와 레터링 굵기를 선택해 문구를 작성합니다.

② 1번에 사용했던 굵기보다, 2단계 정도 작은 굵기의 원형 깍지를 선택하여 레터링합니다.

③ 크림이 눌려 글씨가 납작해지지 않도록 유의하며, 이중으로 겹쳐쓰기를 완성합니다.

덧대어쓰기

①
케이크에 레터링할 문구를 나무꼬지를 이용하여 그려줍니다.

②
그려놓은 글자 라인에 맞춰 크림으로 레터링합니다. 라인에 빗나가지 않도록 주의하세요.

③
디자인에 따라 이중으로 레터링을 겹처 써서 완성하여도 좋습니다.

원형 깍지(804번 깍지)

물방울

①
깍지를 각도 90˚, 높이 1cm 놓습니다.

②
일정한 힘으로 크림을 볼륨감 있게 파이핑합니다.

③
통통한 원형 모양이 되면 파이핑을 멈추고 수직으로 잡아 빼냅니다.

진주

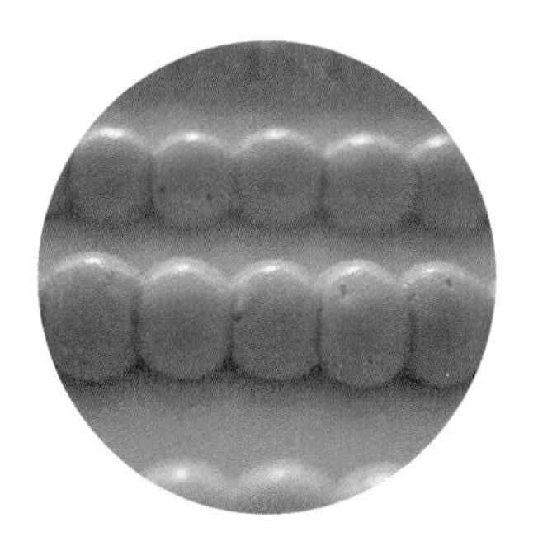

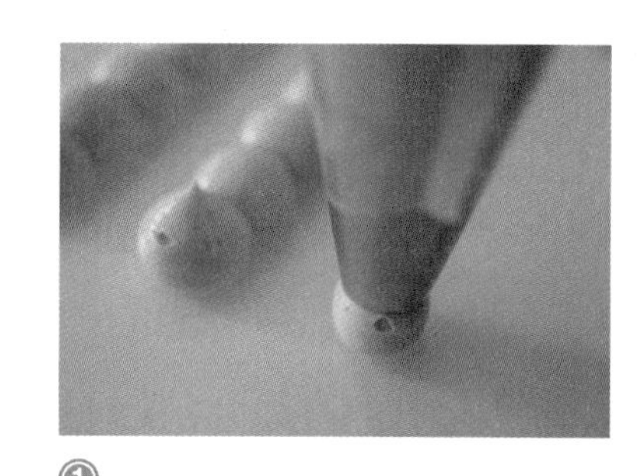

①
각도 90˚, 높이 1cm 자세를 잡고 물방울 모양을 파이핑 해 기준점을 잡아줍니다.

②
물방울모양 바로 옆에 살짝 공간을 남겨두고, 깍지를 완전히 눕혀줍니다.

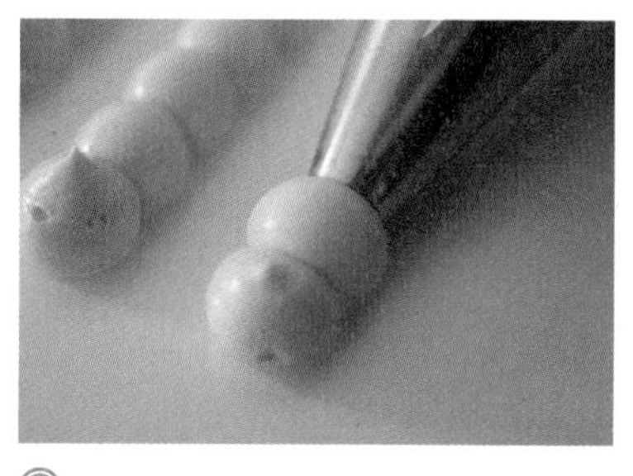

③
크림 나오는 부분이 ←방향으로 향하게 눕혀, 통통한 원형모양을 파이핑합니다.

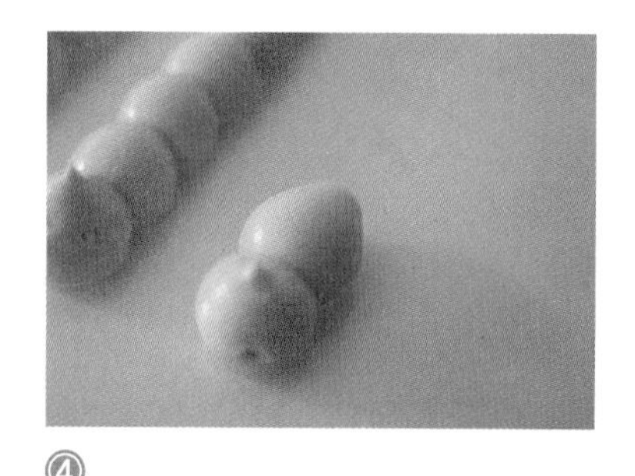

④
파이핑 한 방향 바로 뒤쪽(→)으로 꼬리를 빼주어야 다음 모양을 파이핑했을 때, 튀어나오는 크림 없이 깔끔하게 진주모양을 연결할 수 있습니다.

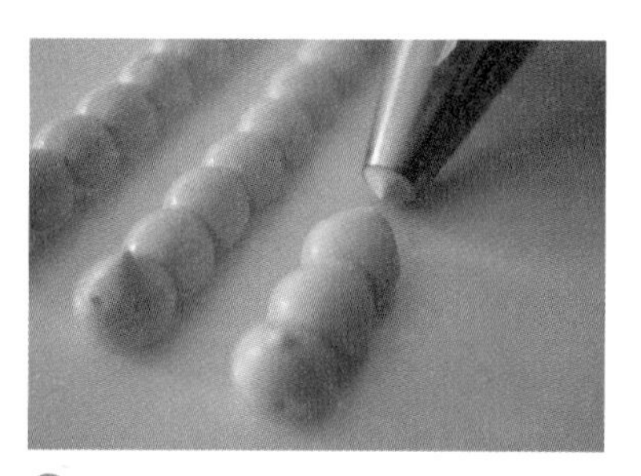

⑤
2~4번 과정을 연결하여 진주모양으로 테두리장식을 할 수 있습니다.

하트

①
↘ 방향으로 짜기 위해, 팁을 45°로 눕혀 위치를 잡습니다.

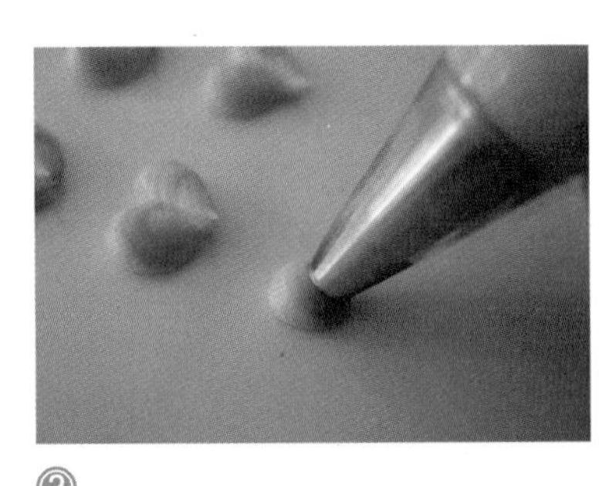

②
하트 머리 부분을 통통하게 파이핑 하다 서서히 힘을 풀며, 아래쪽으로 꼬리를 빼줍니다.

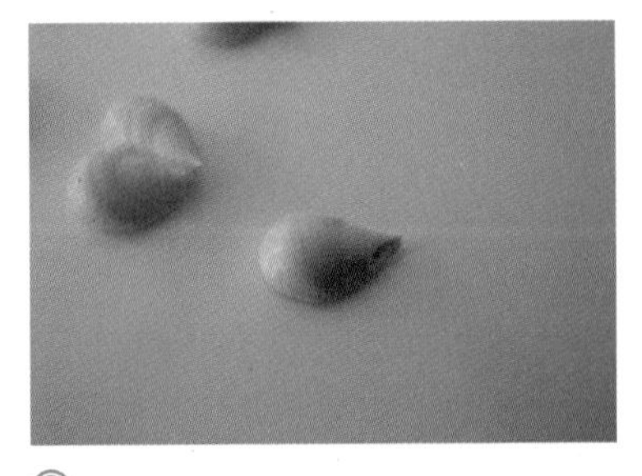

③
하트모양 반쪽을 완성합니다.

④
↙ 방향으로 파이핑하기 위해, 3번의 꼬리 바로 위쪽에 45° 각도로 팁을 놓습니다.

· 짤주머니 방향을 반대쪽으로 틀기 어려우면, 몸 방향을 이동시켜 자세를 잡습니다.

⑤
2-3번 과정과 동일하게 파이핑합니다.

④
하트모양을 완성합니다.

6발 별깍지(843번 깍지) / 별깍지(864번 깍지)

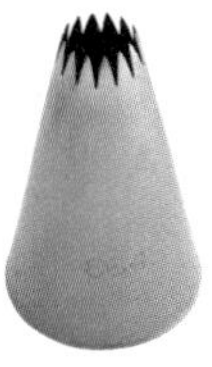

별

6발 별깍지 | 별깍지

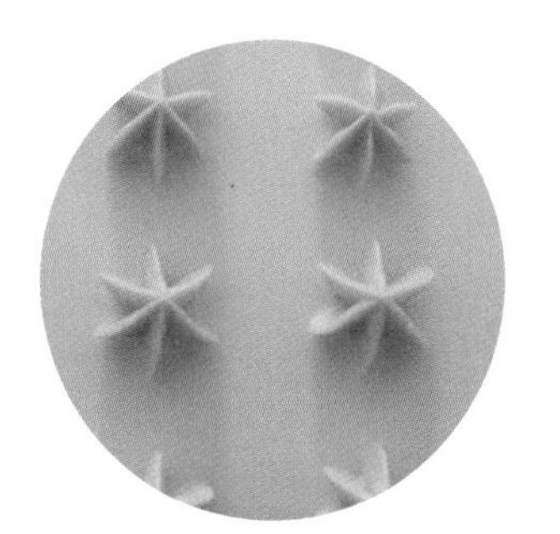

①
깍지를 각도 90˚, 높이 1cm 위치에 놓습니다.

②
크림을 볼륨감 있게 파이핑합니다.

6발 별깍지 | 별깍지

③
별 모양이 만들어지면, 파이핑을 멈추고 수직으로 잡아 빼냅니다.

④
별 깍지는 주름 개수, 크기에 따라 종류가 매우 다양합니다.

쉘

6발 별깍지 | 별깍지

①
팁 각도 45°, 지면에 가깝게 두어 자세를 잡습니다.

②
일정한 힘을 주어 파이핑을 시작함과 동시에, 팁 머리를 살짝 들어올립니다.

③
머리부분이 통통한 쉘 모양이 되면, 힘을 서서히 풀어주면서 크림을 파이핑합니다.

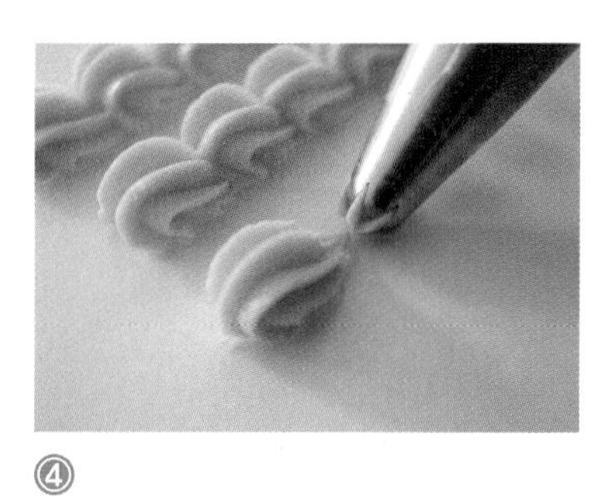

④
끝 지점에서 꼬리를 살짝 눌러 빼내 쉘 짜기를 완성합니다.

쉘 엮어짜기

6발 별깍지 | 별깍지

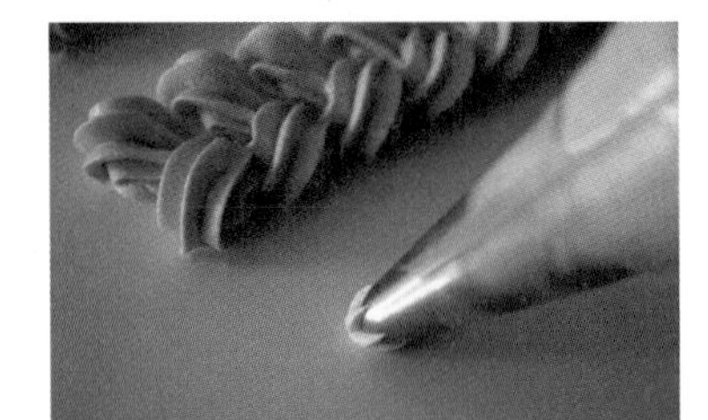

①

팁 각도 45°, 지면에 가깝게 둡니다.

②
힘을 주어 파이핑을 시작함과 동시에, 팁 머리를 살짝 들어올립니다.

③

서서히 힘을 빼며, 아래쪽으로 꼬리를 빼줍니다.

· 짤주머니 방향을 반대쪽으로 틀기 어려우면, 몸 방향을 이동시켜 자세를 잡습니다.

6발 별깍지 | 별깍지

④
엮어짜기 위해 꼬리 바로 위쪽에 팁을 놓습니다.

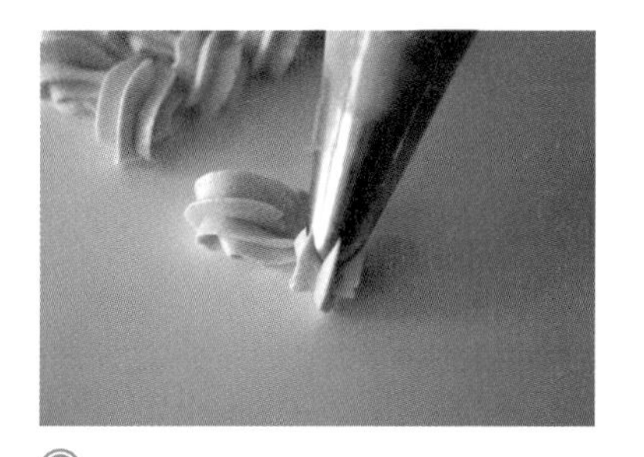

⑤
① 번과 같은 방법으로 파이핑합니다.

⑥
1-4번 과정을 연결하여 쉘 엮어짜기를 완성합니다. ↘↙

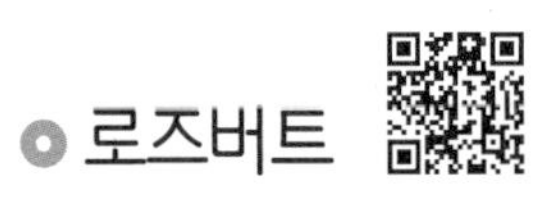

로즈버트

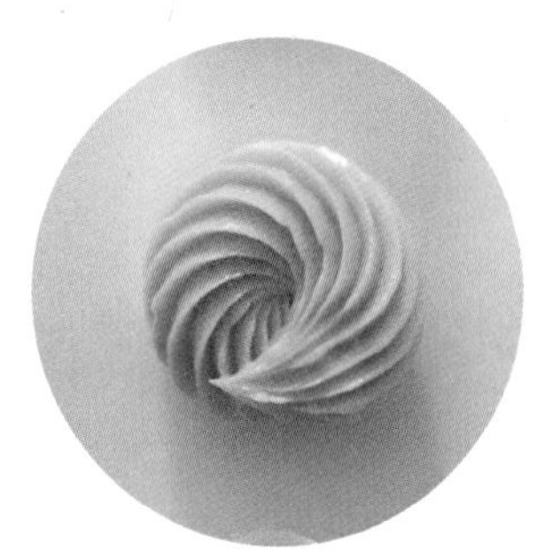

6발 별깍지 | 별깍지

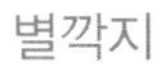

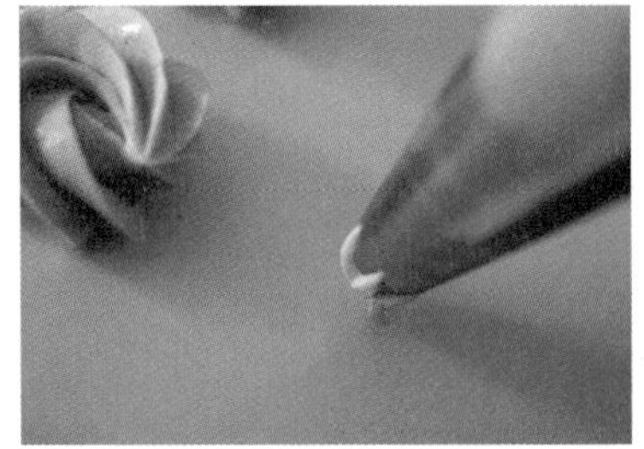

① 팁 각도 90°, 높이 1cm 위치에 팁을 둡니다.

② 아래로 1을 그려, 원의 중심을 잡습니다.

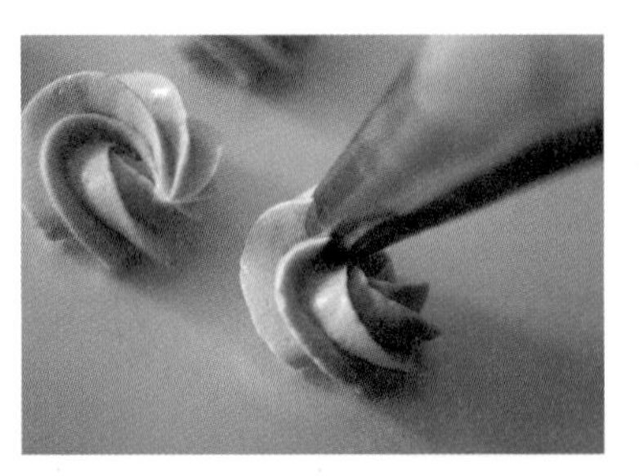

③ 시계방향으로 원을 그리며 파이핑합니다. ↻

④ 팁이 5시에 위치할 때 동그란 원형모양이 완성되면 파이핑을 멈추고, 7시 방향으로 스치듯 꼬리를 빼줍니다.

8자 (로즈버트 응용)

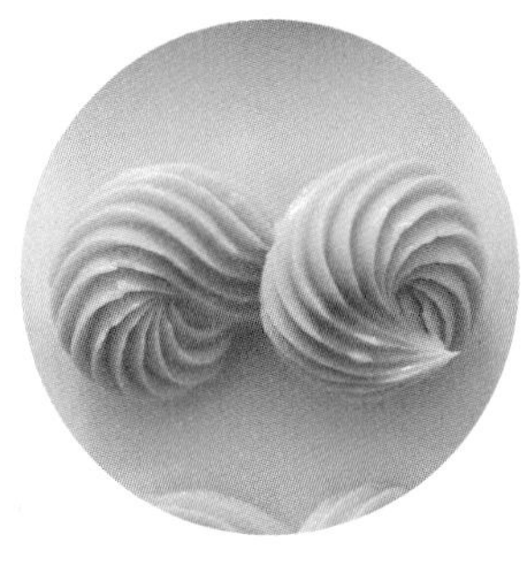

6발 별깍지 | 별깍지

① 팁 각도 90˚, 높이 1cm 위치에 팁을 두고, 1을 그려냅니다.

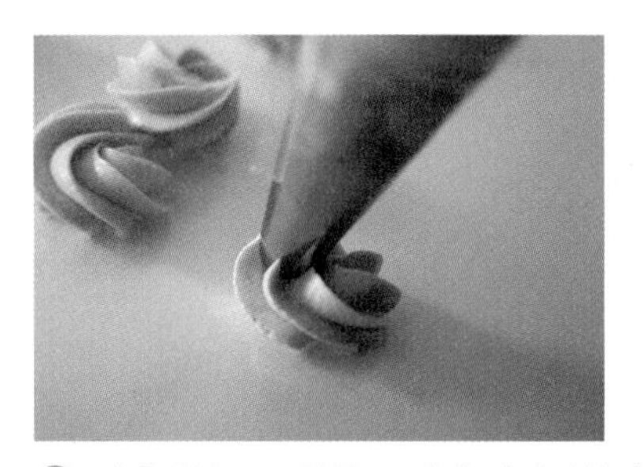

② 시계방향으로 원을 그리며 파이핑합니다. ↻

③ 깍지가 3시 방향에 왔을 때, 파이핑을 멈추고 꼬리를 빼줍니다.

④ 3시방향으로 꼬리 뺀 모양

6발 별깍지 | 별깍지

⑤ 꼬리 바로 위에 팁을 놓습니다.

⑥ 1을 그려 원의중심을 잡습니다.

⑦ 시계 반대 방향으로 원을 그리며 파이핑 합니다. ↺

⑧ 팁이 7시에 위치할 때 파이핑을 멈추고, 5시 방향으로 스치듯 꼬리를 빼줍니다.

로프

6발 별깍지 | 별깍지

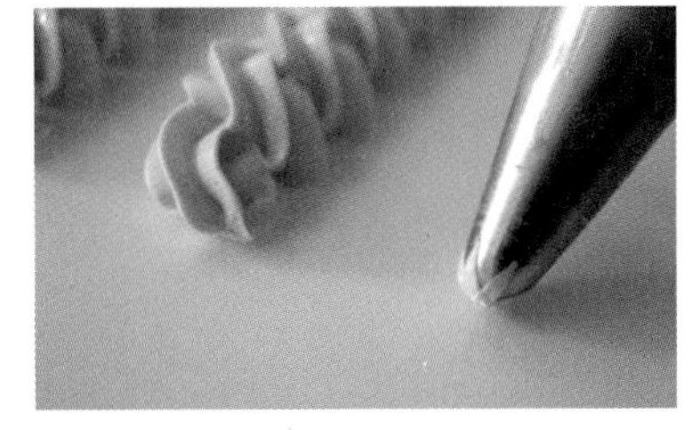

① 팁 각도 45°로 기울여 지면에 가깝게 둡니다.

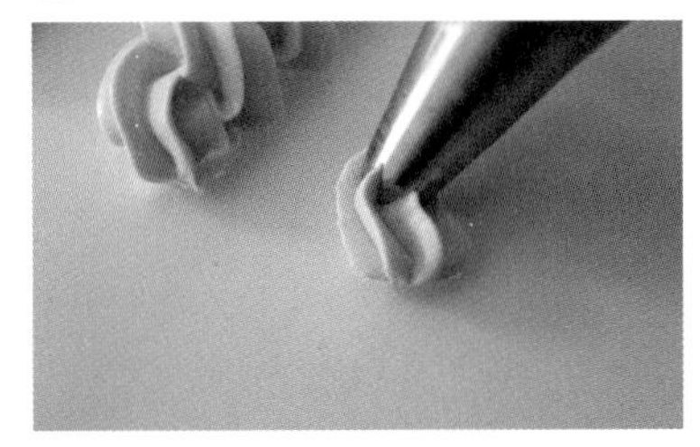

② ↗방향으로 크림을 파이핑합니다.

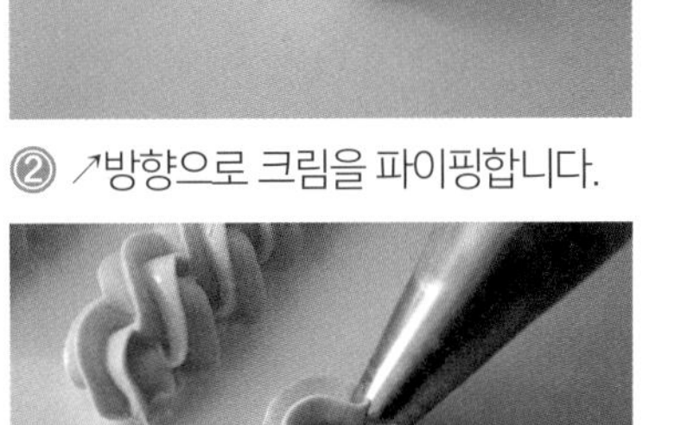

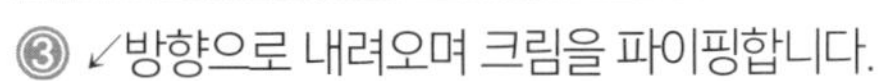

③ ↙방향으로 내려오며 크림을 파이핑합니다.

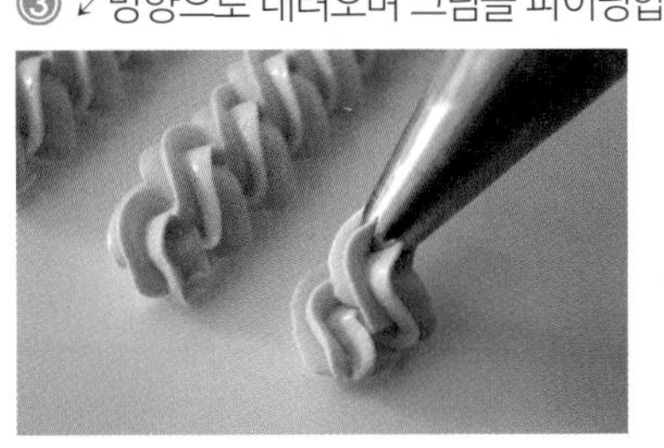

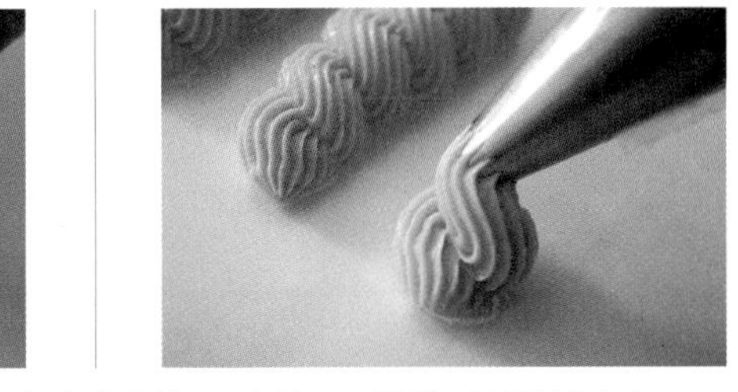

④ ↗방향으로 다시 올라가 되, 3번에서 파이핑 한 크림 위로 크림을 파이핑합니다.

⑤ ↗↙방향으로 태엽을 감듯이 크림을 연결하여 파이핑합니다.

페탈 깍지(104번 깍지)

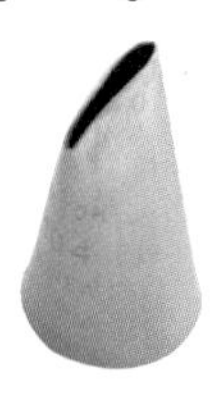

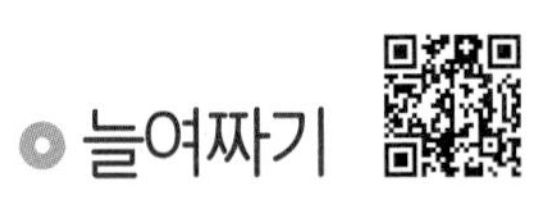

늘여짜기

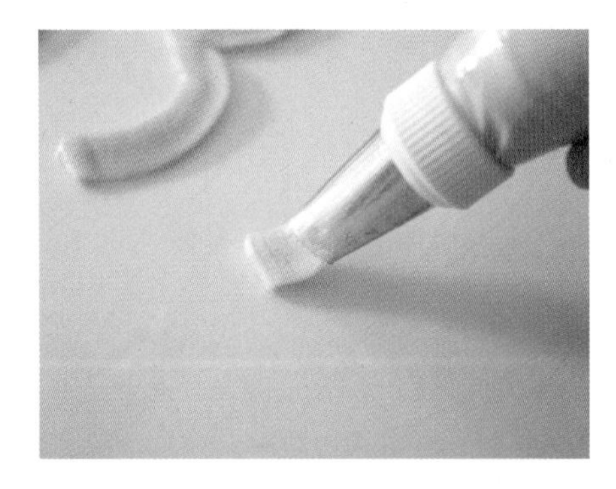

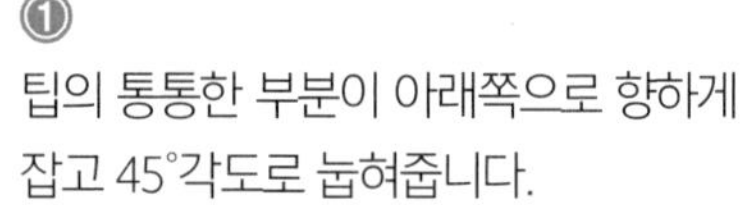

①
팁의 통통한 부분이 아래쪽으로 향하게 잡고 45°각도로 눕혀줍니다.

②
일정한 힘으로 파이핑하며 ↻ 'U 자모양으로 늘여짭니다.

③
주로 옆면장식에 활용합니다.

· 위 아래로 움직이며 파이핑하면, 주름진 커튼모양을 완성할 수 있습니다.

누운장미

①
팁의 통통한 부분이 아래쪽으로 향하게 잡고 90˚각도로 세워 파이핑을 시작합니다.

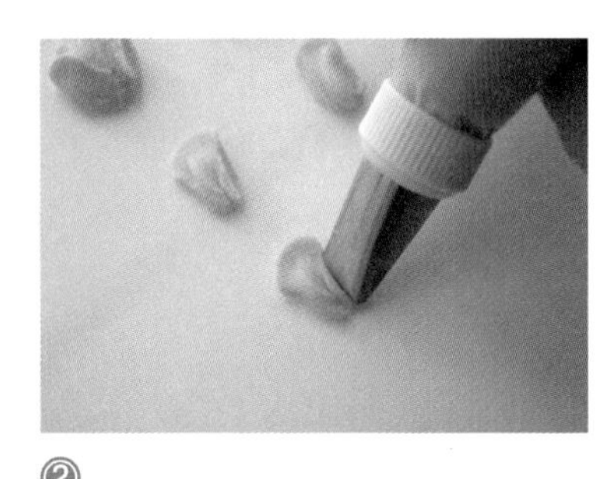

②
∩자 모양으로 파이핑하여 꽃 잎1장을 만들어줍니다.

③
2번 꽃잎 가운데에, 팁을 45˚각도로 팁을 놓습니다.

④
팁을 살짝 들어 올렸다가 꼬리를 빼며 접힌 꽃잎을 만들어줍니다.

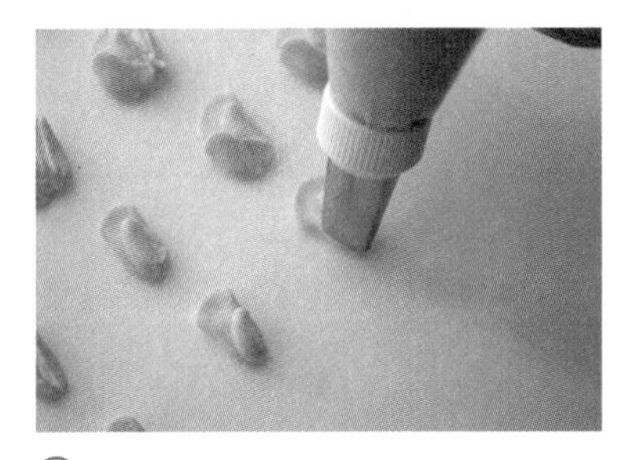

⑤
팁을 70˚로 팁을 세워 3번 모양의 왼쪽에 꽃잎 1장을 만들어줍니다.

⑥
팁을 45˚로 눕혀, 반대쪽에도 꽃잎을 만들어 누운 장미를 완성합니다.

애플블러썸

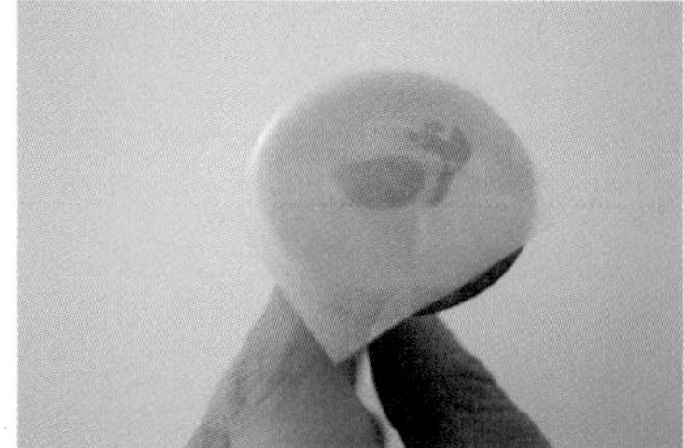

① 네일에 크림을 살짝 묻혀, 유산지를 고정해줍니다.

② 팁을 45°각도로 눕히고 깍지의 통통한 부분을 원 중심에 놓습니다.

③ 꽃받침은 시계 반대 방향으로 돌리며 ∩자로 꽃잎1장을 파이핑합니다.

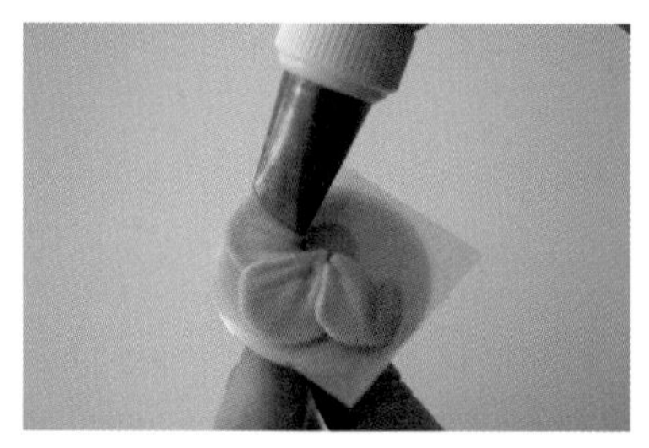

④ 2-3번과 같은 방법으로 총 3장의 꽃잎을 파이핑합니다.

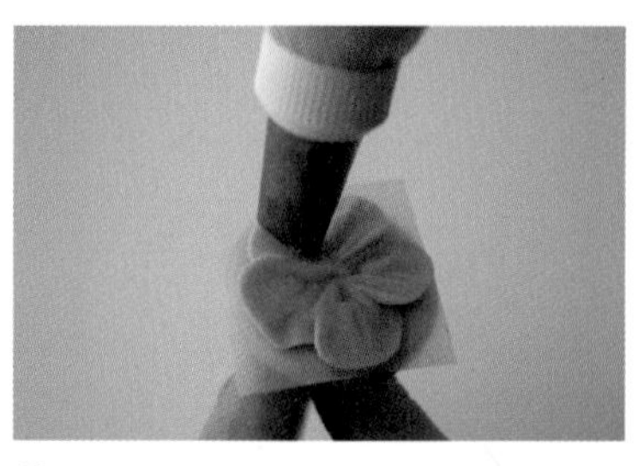

⑤ 팁을 70°로 세워 ∩자로 4, 5번째 꽃잎을 파이핑합니다.

⑥ 애플 블러썸은 냉동실에서 충분히 굳힌 뒤 떼어내어, 케이크의 원하는 위치에 붙힙니다.

⑦ 페탈팁을 반대로 쥐고 파이핑하면, 통통한 꽃잎을 만들 수 있습니다.

장미짜기

①
팁을 90°로 세워 파이핑을 시작합니다.

②
위로 갈수록 좁아지는 기둥을 탄탄하게 세워줍니다.

③
팁은 12시방향으로 세워 꽃기둥의 정가운데에 놓습니다.

④
네일을 시계 반대방향으로 돌리며, 장미의 중심 꽃잎을 만들어줍니다.

⑤
기둥 아래에서 시작하여 ↶방향으로 네일을 돌리며 꽃잎을 파이핑합니다.

⑥
∩자 모양의 꽃잎 3장을 파이핑하여 기둥을 감싸줍니다.

⑦
팁을 90°로 세워 파이핑을 시작합니다.

⑧
위로 갈수록 좁아지는 기둥을 탄탄하게 세워줍니다.

⑨
팁은 12시방향으로 세워 꽃기둥의 정가운데에 놓습니다.

⑩
네일을 시계 반대방향으로 돌리며, 장미의 중심 꽃잎을 만들어줍니다.

리프 깍지(352번 깍지)

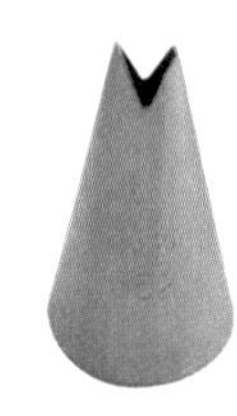

나뭇잎짜기

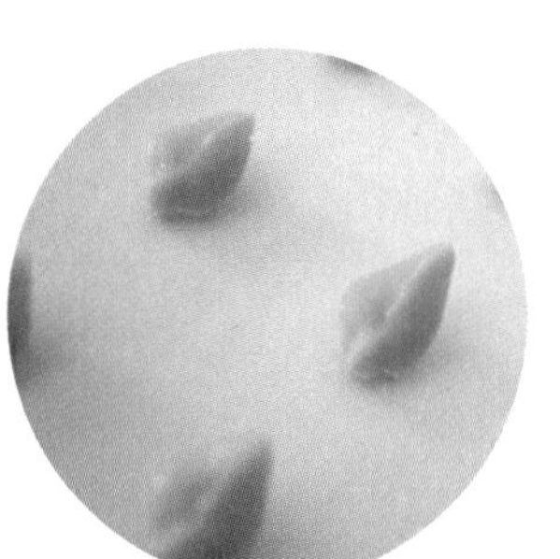

① 팁을 45° 각도로 세워, 지면에 가깝게 둡니다.

② 잎사귀모양을 파이핑합니다.

③ 서서히 힘을 풀어주며 , ↗방향으로 잡아 빼 마무리합니다.

④ 파이핑 하면서 위 아래로 흔들면, 주름진 잎사귀 모양을 만들 수 있습니다.

러플 깍지(113번 깍지)

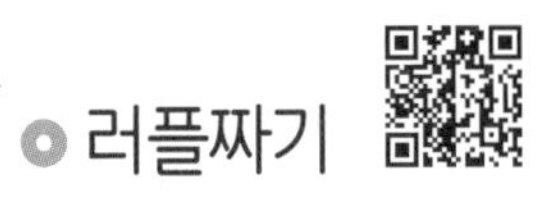

러플짜기

① 팁을 45°각도로 기울여 파이핑을 시작합니다.

② 팁 머리를 들어 올렸다 꼬리를 빼며 늘여 뜨려줍니다.

③ 원하는 간격에 맞추어 2번 과정을 반복하여 러플을 만들어줍니다.

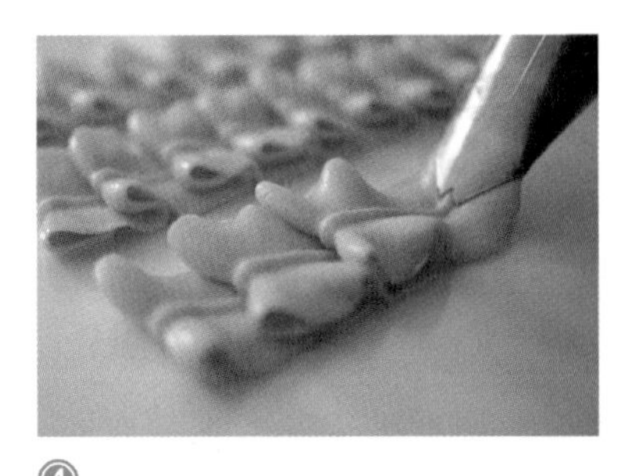

④ 늘여주는 간격을 좁히면, 촘촘한 주름을 가진 러플을 만들 수 있습니다.
(원형 테두리와 옆면장식에 주로 사용합니다.)

리본짜기

①
팁을 눕혀 자세를 잡고 파이핑을 시작합니다.

②
팁 머리를 살짝 들어 올려 크림이 펼쳐지도록 파이핑합니다. ↑

③
펼쳐진 크림 바로 아래로 살짝 내려와, 크림을 파이핑하여 리본끈 모양을 만들어줍니다.

이 외의 다양한 깍지

(1) 바구니빗살깍지 (895번)

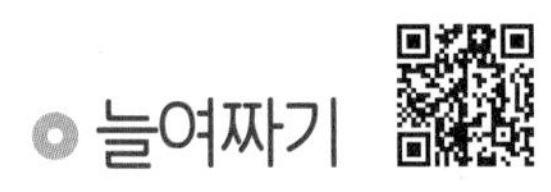

늘여짜기

①
주름이 있는 부분을 위로 가게 잡고 45°
각도로 눕혀줍니다.

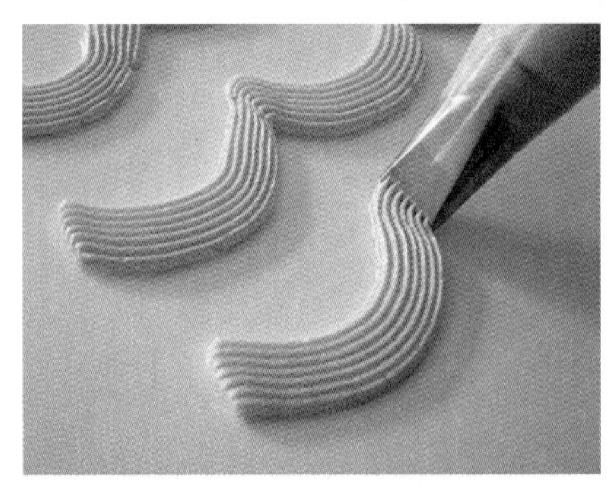

②
일정한 힘으로 파이핑하며 ↺ 'U 자모
양으로 늘여짭니다.

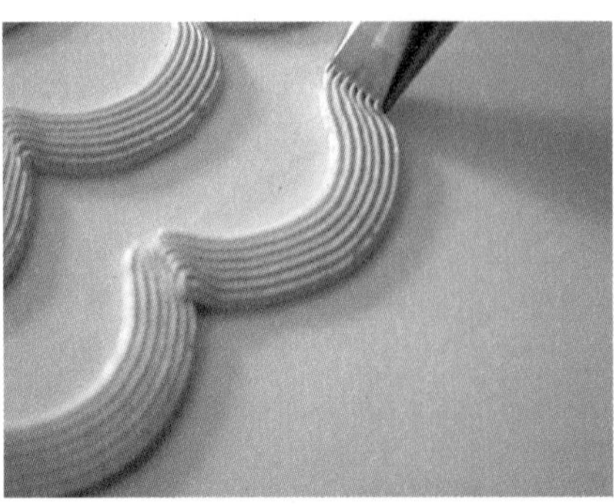

③
주로 옆면장식에 활용합니다.

◉ 지그재그짜기 

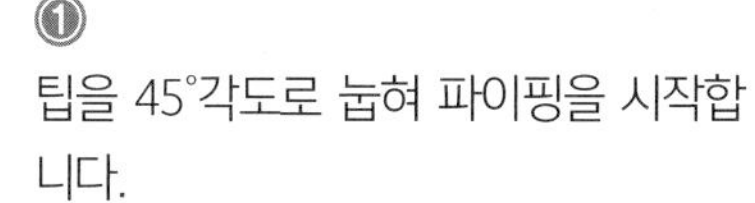

①
팁을 45°각도로 눕혀 파이핑을 시작합니다.

②
위아래로 ↑↓움직여가며 크림을 파이핑합니다.

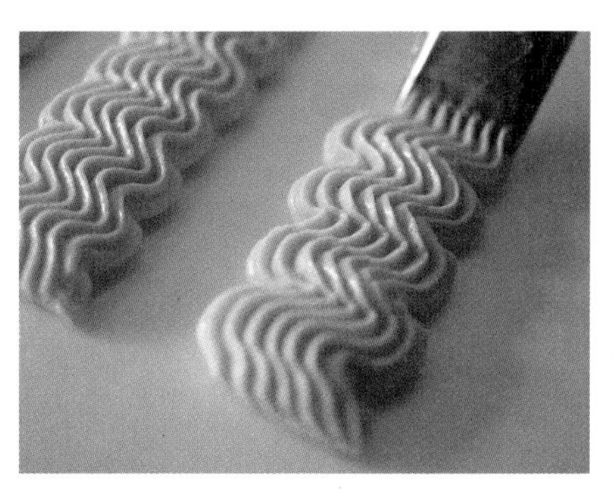

③
주로 테두리장식이나 옆면장식에 사용됩니다.

(2) 잔디 깍지 (234번)

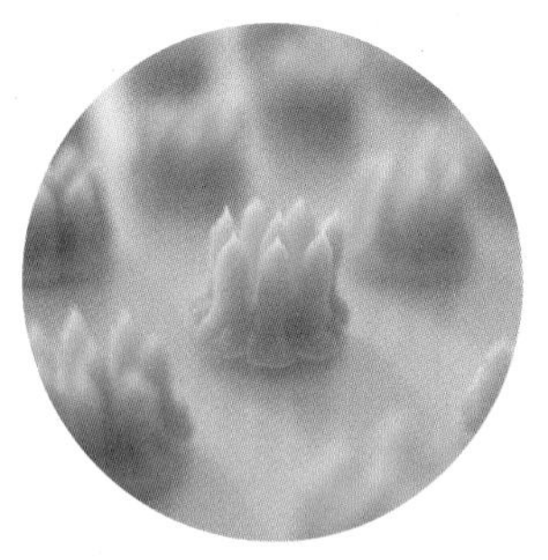

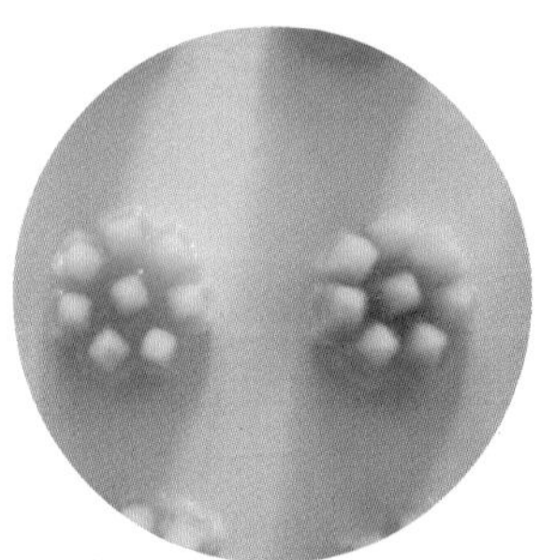

①
90˚각도로 팁을 세워 파이핑을 시작합니다.

②
위로 뽑아내듯이 크림을 파이핑하여 잔디모양을 만들어줍니다.

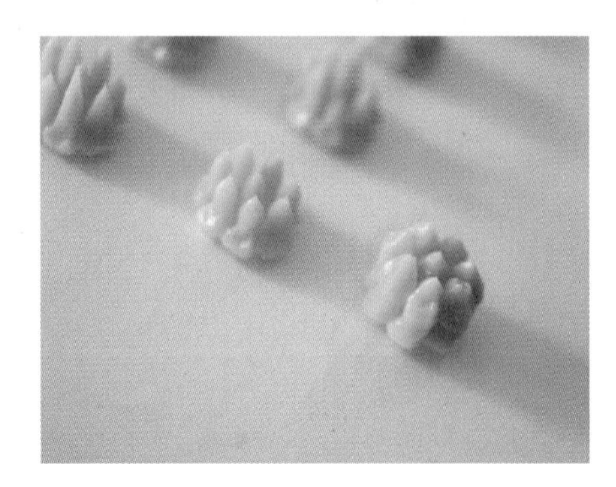

③
잔디모양이나 동물털을 표현할 때 주로 사용합니다.

(3) 레이스 특수깍지 (070번)

레이스짜기

①
팁의 크림 나오는 부분이 케이크를 바라보도록 잡고 파이핑을 시작합니다.

②
팁은 움직이지 않고, 돌림판만 돌리며 크림을 뿜어내듯 파이핑합니다.

③
파이핑하는 힘과 속도가 일치해야 일정한 간격으로 레이스가 만들어집니다.

④
케이크 테두리를 다 두르고 나면, 팁을 천천히 떼어내어 마무리합니다.

레이스짜기

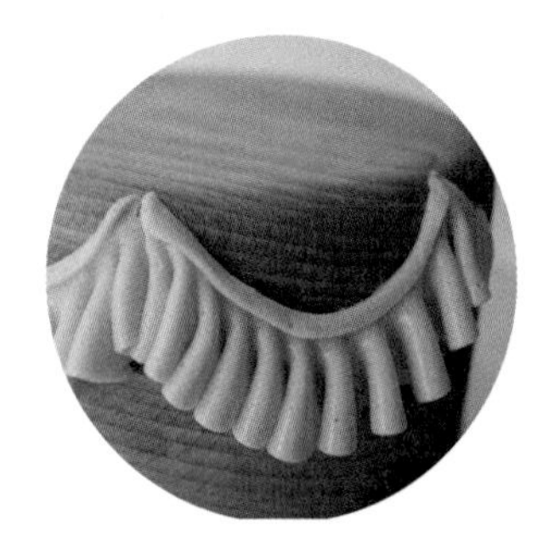

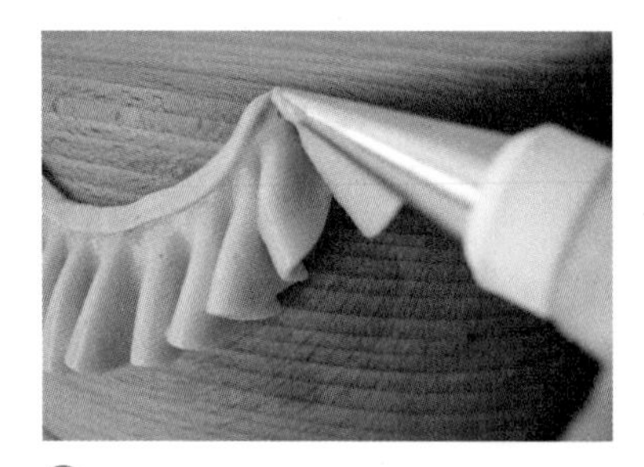

①
케이크 옆면과 팁의 각도가 45° 각도 안으로 되게 잡아놓고 파이핑을 시작합니다.

②
빠르게 이동하면 크림이 아래로 떨어집니다. 크림 한겹 한겹이 케이크 옆면에 붙는 것을 확인하며 옆으로 이동합니다.

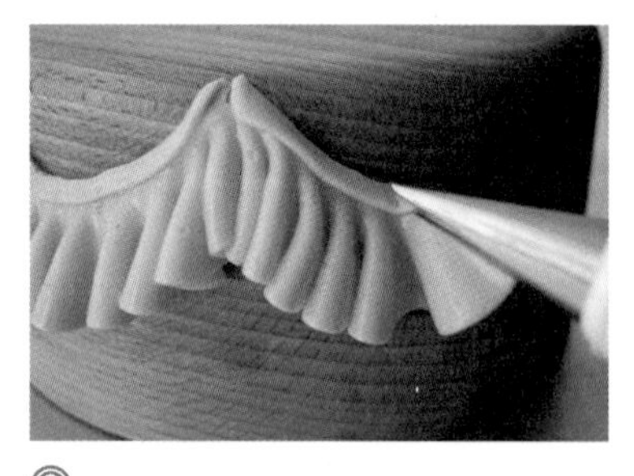

③
파이핑하는 힘과 속도가 일치해야 일정한 간격으로 레이스가 만들어집니다.

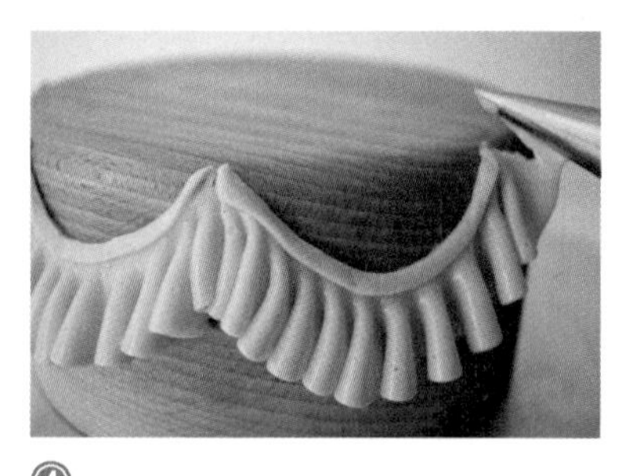

④
팁을 천천히 떼어내어 마무리하고, 같은 방법으로 연결하여 옆면 레이스장식을 완성합니다.

피규어 파이핑

풍선 (805번, 3번 Tip 사용)

병아리 (804번,3번 Tip 사용)

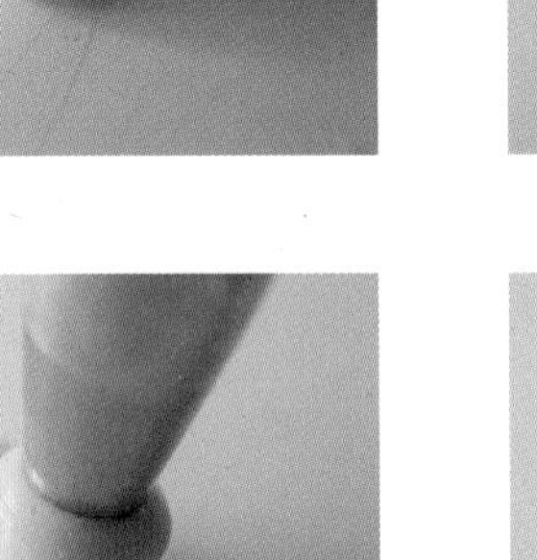

곰돌이 (804번, 5번, 2번 Tip 사용)

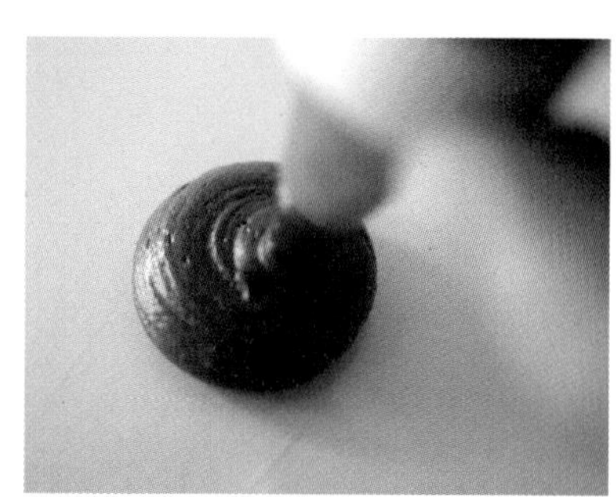

케이크초(843번, 6번, 2번 Tip 사용)

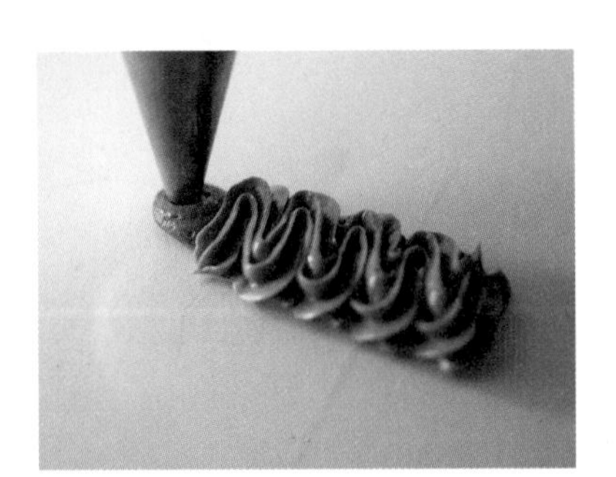

패턴 파이핑

862번, 1번, 3번

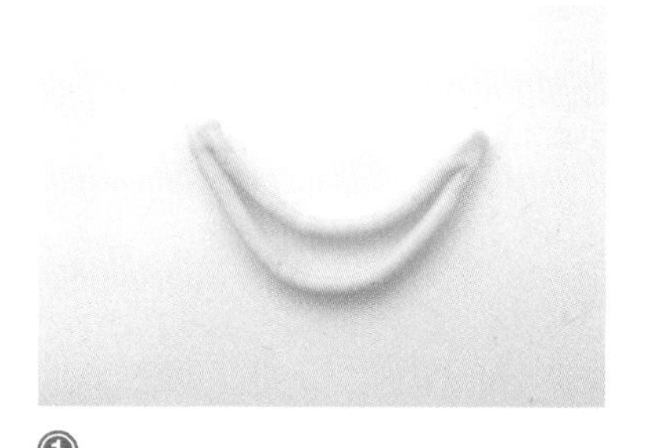

①
3번 깍지를 이용하여 간격에 맞춰 선을 늘여짭니다.

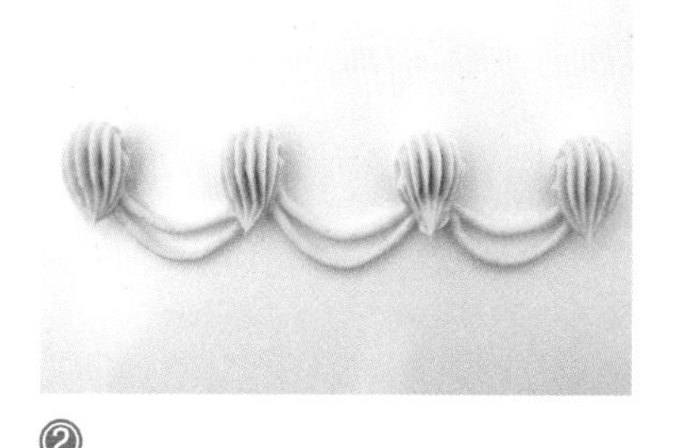

②
862번 깍지를 이용하여 쉘짜기를 합니다.

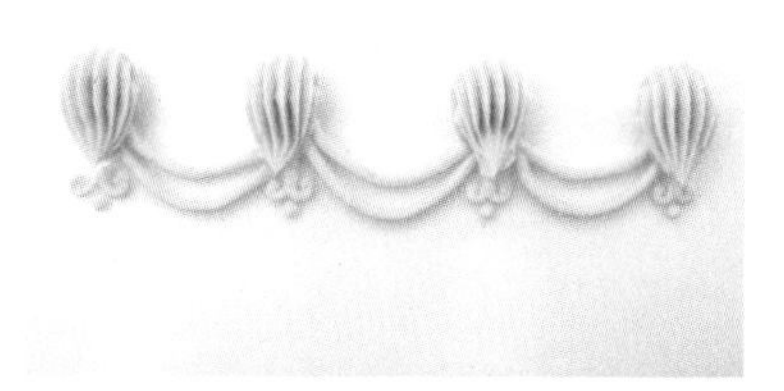

③
1번 깍지를 이용하여 간격 사이에 문양을 그려넣습니다.

24번, 3번

①
3번 깍지를 이용하여 선을 3줄 늘여짜 줍니다.

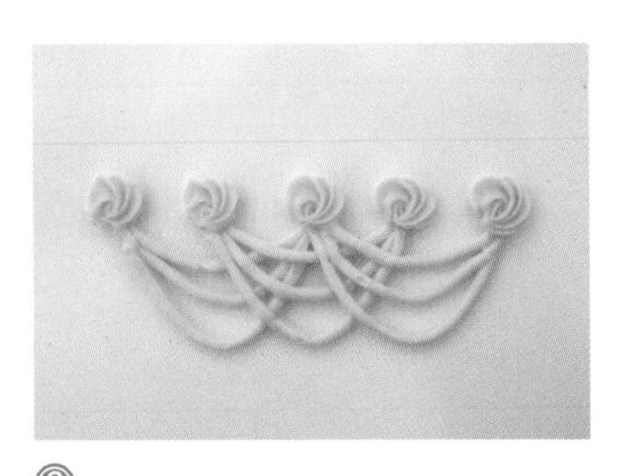

②
24번 깍지를 이용하여 선이 겹쳐지는 부분마다 로즈버트를 파이핑합니다.

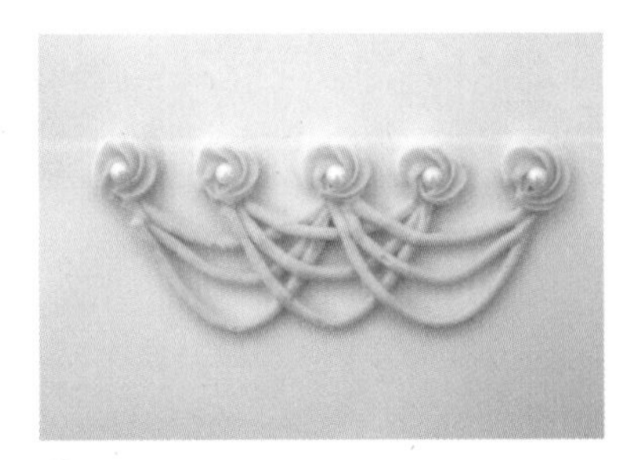

③
아라잔을 이용하여 포인트를 준 뒤 마무리합니다.

861번, 104번, 1번

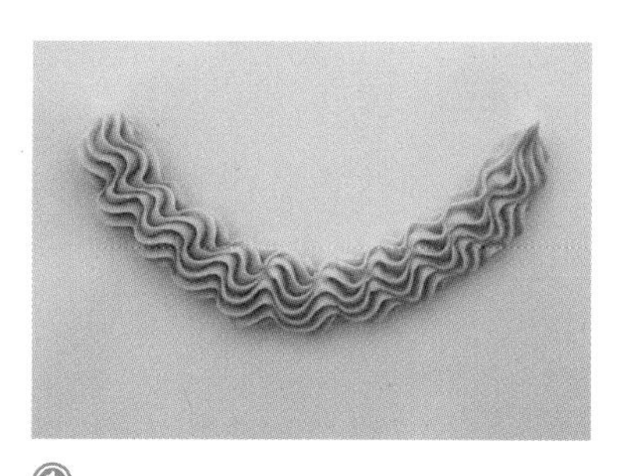

①
861번 깍지를 이용하여 지그재그모양으로 파이핑합니다.

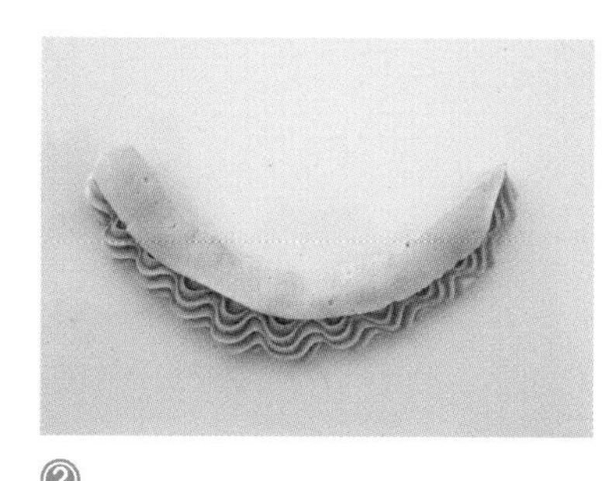

②
104번 깍지로 첫 번째 파이핑 한 모양을 따라 덧대어 늘여짭니다.

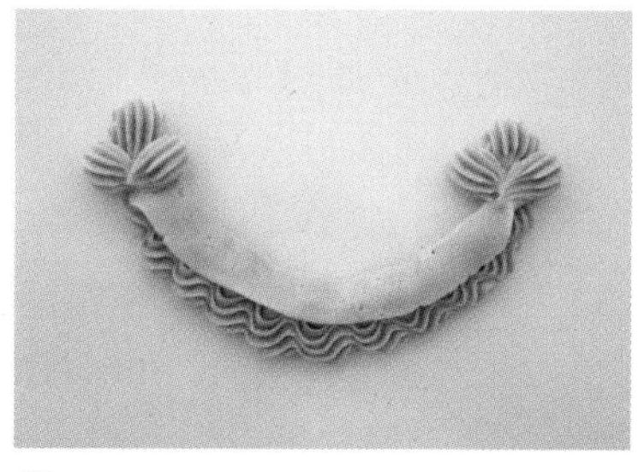

③
861번을 이용하여 쉘짜기 방법으로 문양을 만들어줍니다.

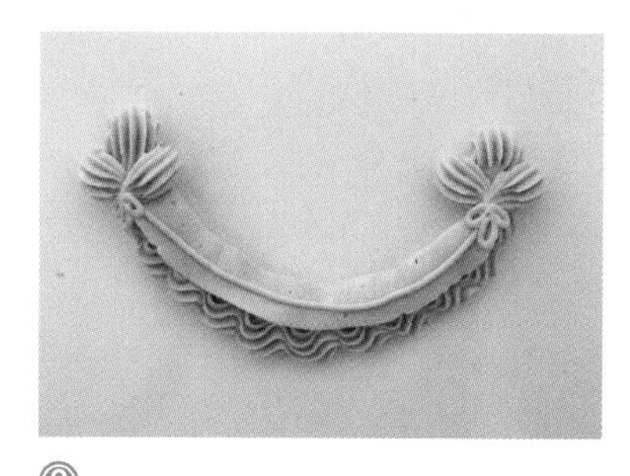

②
1번 깍지를 이용하여 무늬를 그려넣습니다.

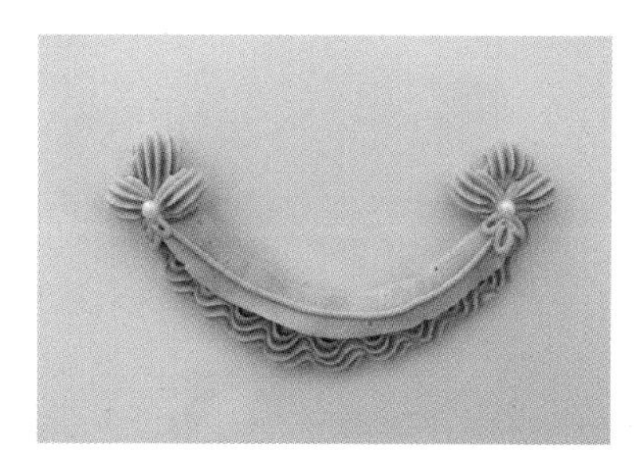

⑤
아라잔을 이용하여 포인트를 준 뒤 마무리합니다.

860번, 349번, 88번, 1번

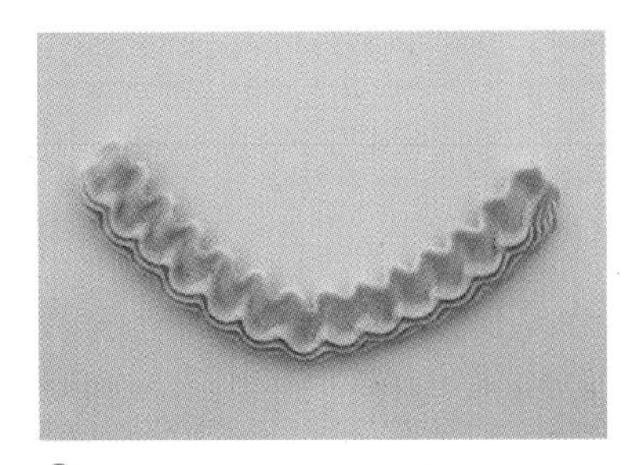

①
88번 깍지를 이용하여 레이스를 만들어줍니다.

②
1번 깍지를 이용하여 격자무늬를 그려줍니다.

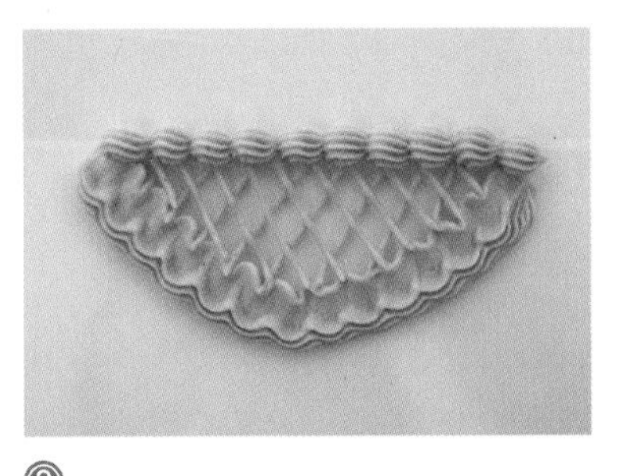

③
860번 깍지를 이용하여 쉘짜기로 선을 가려줍니다.

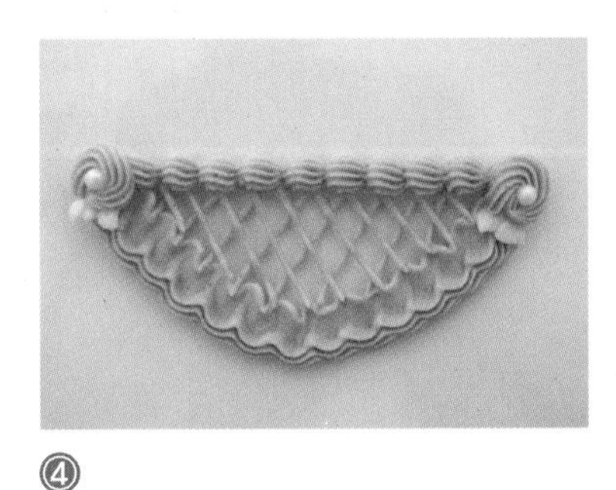

④
양 끝에 860번으로 로즈버트를 파이핑한 뒤, 349번 깍지로 잎사귀를 파이핑합니다.

Part 7

다양한 데코레이션 테크닉

- Lesson 1. 그림 그리기
- Lesson 2. 초콜릿 드립
- Lesson 3. 초콜릿플라스틱
- Lesson 4. 머랭쿠키
- Lesson 5. 생화 케이크
- Lesson 6. 2단 케이크

Sweetheart Design Cake

Part. 7 lesson 1 다양한 데코레이션 데크닉

그림그리기

캐릭터 그리기

①
원하는 그림 도안에 opp필름을 붙여주고, 그림을 채울 크림과 유화용 나이프를 준비합니다.

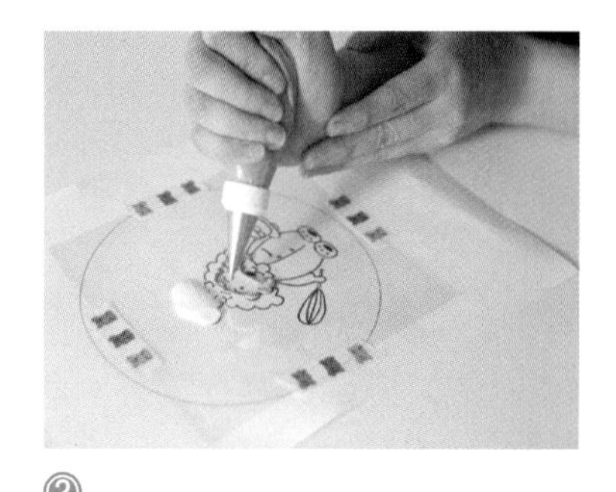

②
준비한 크림으로 캐릭터 라인을 따라 그립니다.

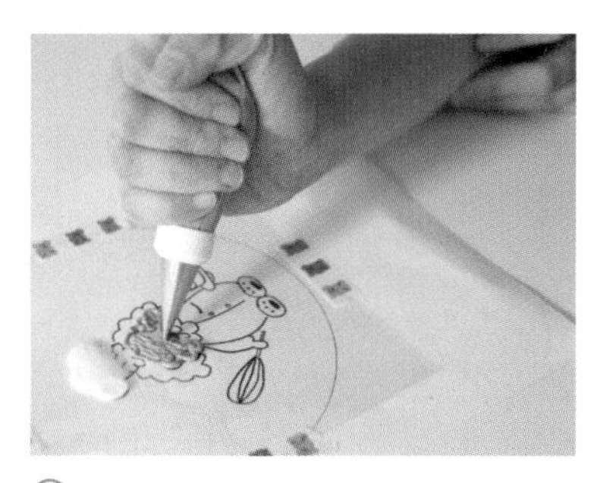

③
라인 속을 크림으로 도톰하게 채웁니다.

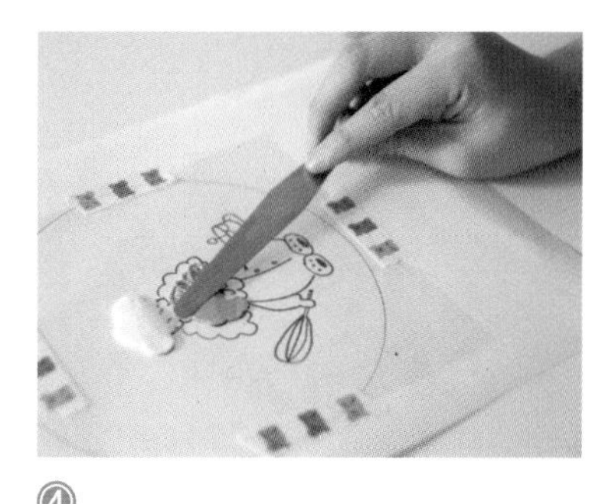

④
크림을 채운 뒤, 유화용 나이프를 이용하여 매끈하게 정리합니다.

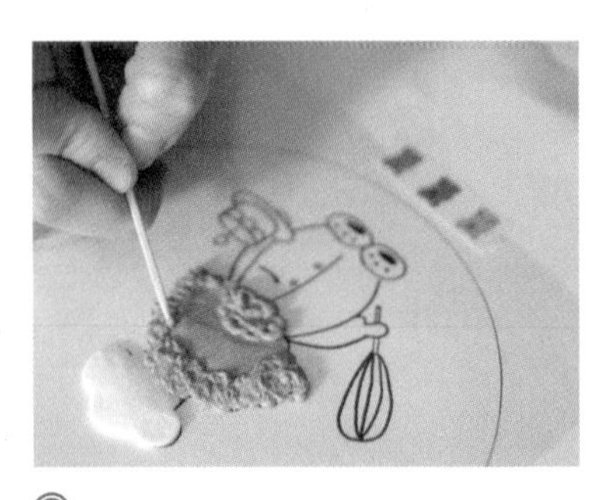

⑤
동일한 방법으로 크림을 채운 뒤, 이쑤시개로 강아지 털 질감을 만들어 줍니다.

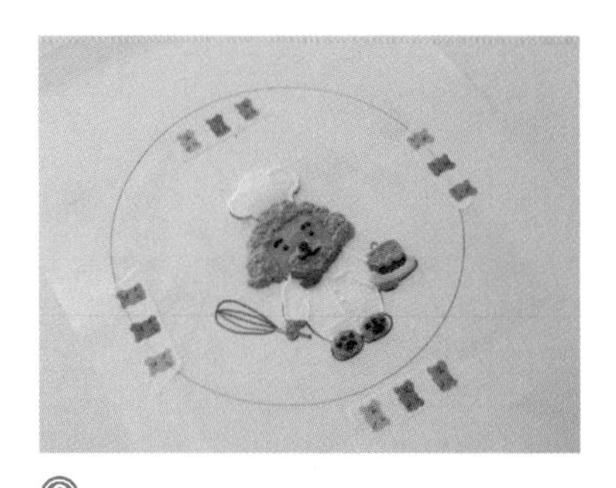

⑥
동일 한 방법으로 그림을 완성한 뒤, 냉동실에 10분 이상 충분히 굳혀줍니다.

⑦
냉동실에 굳힌 그림을 떼어내어, 아이싱한 케이크의 원하는 위치에 올려줍니다. (손에 오래 들고 있으면 크림이 금방 녹아버리니, 최대한 빠르게 진행합니다.)

⑧
선을 따야하는 그림(휘퍼, 케이크 초)를 그려준 뒤, 캐릭터 디자인을 완성합니다.

Sweetberry Design Cake

Part. 7 lesson 2 다양한 데코레이션 데크닉

초콜릿 드립

케이크와 가나슈의 온도가 10℃ 정도 차이가 있어야, 초콜릿이 닿았을 때 케이크의 크림이 녹지 않고, 케이크하판에 넘치지 않게 예쁘게 흘려낼 수 있습니다.

케이크 온도 18℃, 가나슈 온도 28℃에 사용합니다.

다크초콜릿 가나슈

다크초콜릿	50g
생크림	50g

① 다크초콜릿을 중탕하여 녹입니다. (55℃이상 넘어가지 않게 주의합니다.)

② 중탕하여 녹인 다크초콜릿에 따뜻한 생크림을(85℃) 넣고 유화시킵니다.

③ 가나슈가 약 28℃ 되면 초콜릿 드립에 사용합니다.

화이트 초콜릿 가나슈

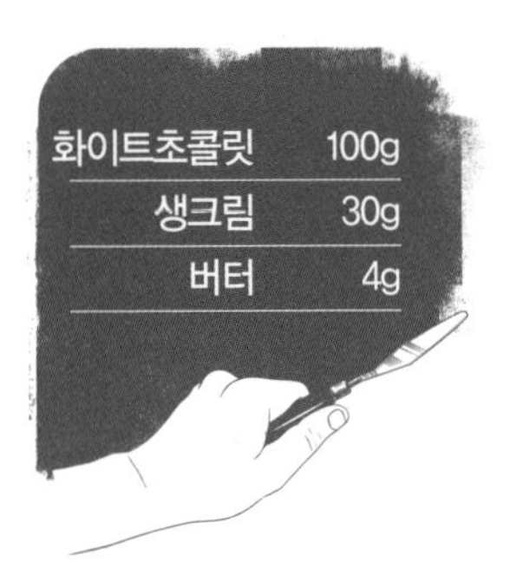

화이트초콜릿	100g
생크림	30g
버터	4g

①
화이트 초콜릿을 중탕하여 녹입니다.
(45℃ 이상 넘어가지 않게 주의합니다.)

②
중탕하여 녹인 화이트 초콜릿에 따뜻한 생크림을(85℃) 넣고 유화시킵니다.

③
중탕시켜 녹인 화이트 초콜릿에 따뜻한 생크림을 넣어 유화시킵니다.

④
화이트 색소를 넣어 하얀 베이스를 만들어 줍니다.

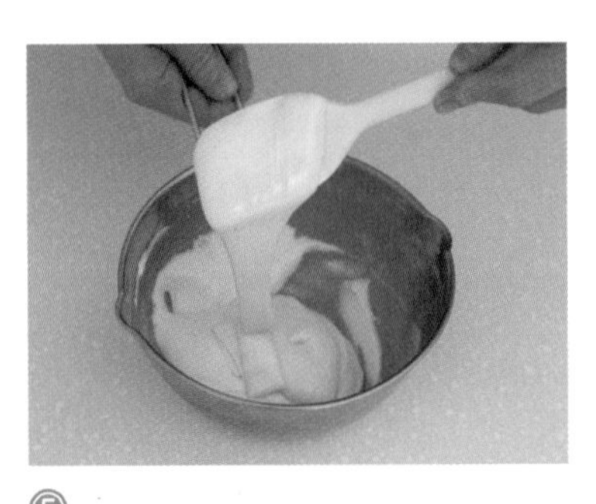

⑤
화이트가나슈에 원하는 색소로 조색하여 약 28℃가 되면 초콜릿드립에 사용합니다.

· 조색: 초콜릿 전용 색소(지용성 색소)를 사용합니다.

스패튤러를 이용한 전체 초콜릿 드립방법

①
케이크 정가운데에 동그랗게 가나슈를 부어줍니다.

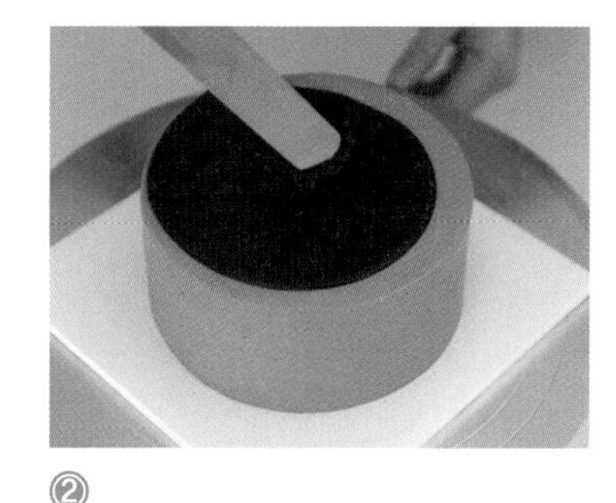

②
스패튤러를 이용하여 돌림판을 돌리며 가나슈가 케이크 바깥으로 떨어지도록 합니다.

③
돌림판을 2~3회 정도 돌려, 가나슈가 케이크 옆면으로 주르륵 흘러내리면 스패튤러를 떼어냅니다.

④
초콜릿이 필요 이상으로 내려가지 않도록 바로 냉동실에 넣어 굳힌 뒤, 크림으로 장식하여 케이크를 완성합니다.

짤주머니를 이용한 전체 초콜릿 드립 방법

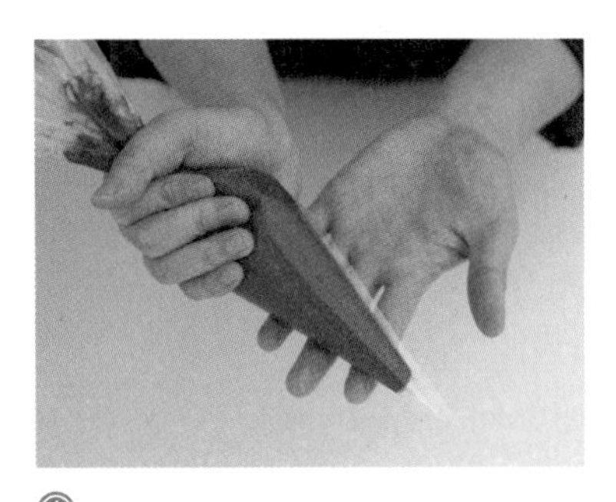

①
짤주머니에 화이트초콜릿 가나슈를 넣습니다.

②
짤주머니의 끝을 작게 자르고, 테두리에 가나슈를 짜줍니다. (한 번 드립한 가나슈 위에 덧대어 짜면 두겹으로 겹쳐지기 때문에 예쁘지 않습니다.)

③
테두리 전체에 드립 한 뒤, 케이크 윗면에 초콜릿을 짜줍니다.

④
스패튤러를 이용해 윗면을 정리합니다.

⑤
윗면이 매끈하게 정리되면, 냉동실에 약 5분정도 넣어 살짝 굳힙니다.

⑥
초콜릿 드립을 굳힌 뒤, 크림으로 장식하여 케이크를 완성합니다.

짤주머니를 이용한 테두리 초콜릿 드립 방법

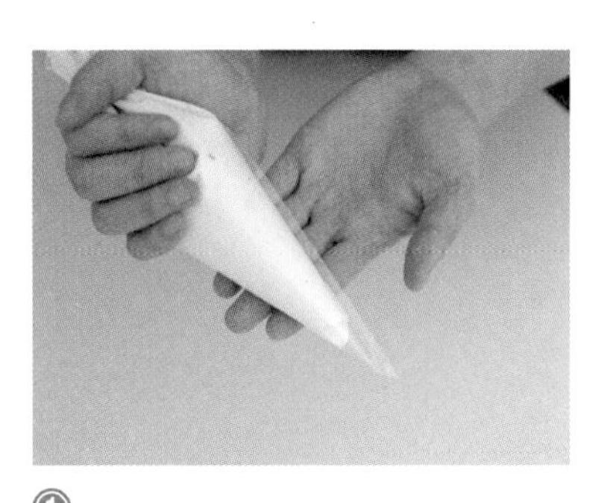

①
화이트 가나슈를 짤주머니에 넣습니다.

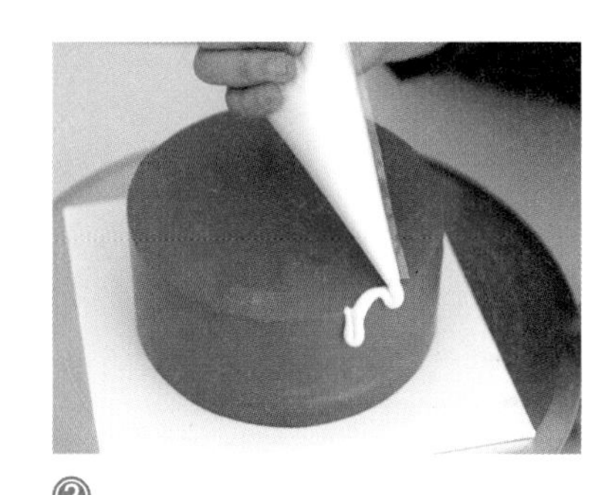

②
짤주머니의 끝을 작게 자르고, 테두리에 간격을 주며 가나슈를 짜줍니다.

③
테두리에 가나슈를 흘려낸 뒤, 바로 냉동실에 5분정도 굳힙니다.

④
바로 냉동실에 5분 정도 굳힌 뒤, 크림으로 장식하여 케이크를 완성합니다.

초콜릿 플라스틱

눈꽃 장식물 만들기

화이트초콜릿	90g
물엿	30g

①
화이트커버춰 초콜릿을 녹여서 35℃로 만들어 줍니다.

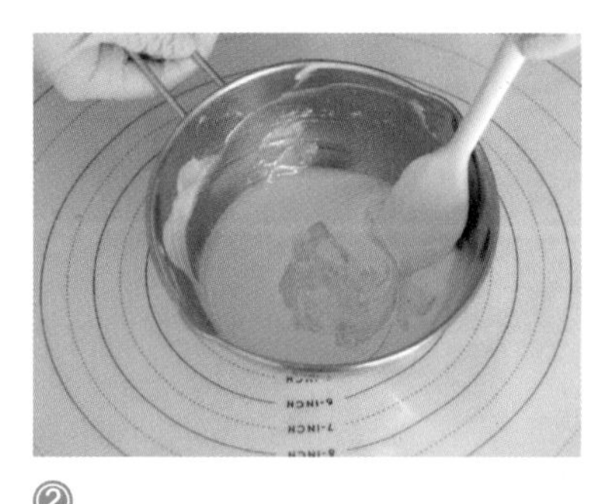

②
녹인 화이트초콜릿에 물엿을 넣고 섞어 줍니다.

③
반죽이 되직해지면서 초콜릿이 덩어리로 뭉쳐집니다.

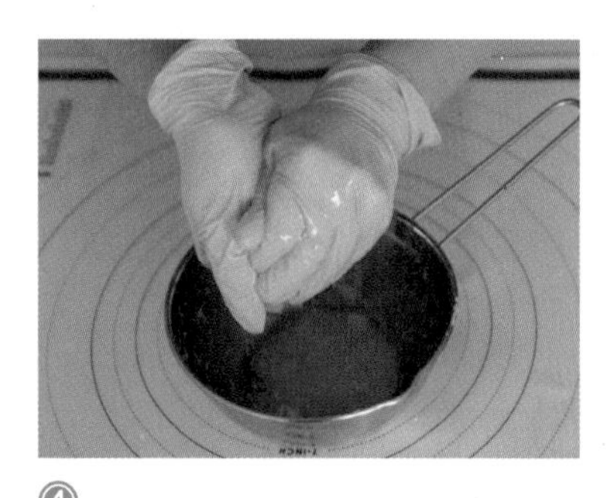

④
분리되는 카카오버터는 손으로 꾹 짜줍니다.

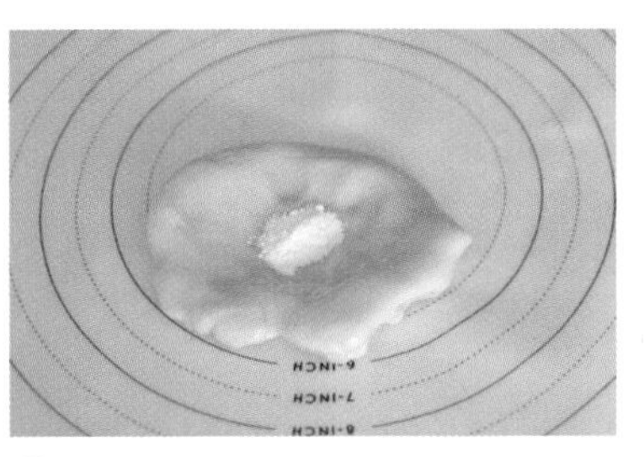

⑤ 초콜릿 반죽에 이산화티타늄 (화이트 가루색소)를 넣습니다.

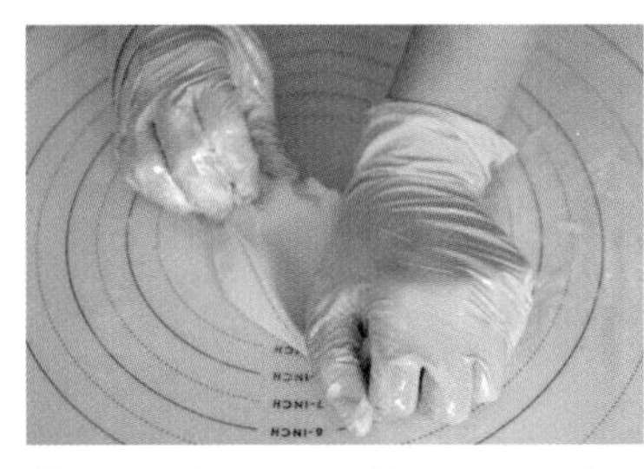

⑥ 가루 색소가 완전히 섞이도록 초콜릿 반죽을 치대어줍니다.

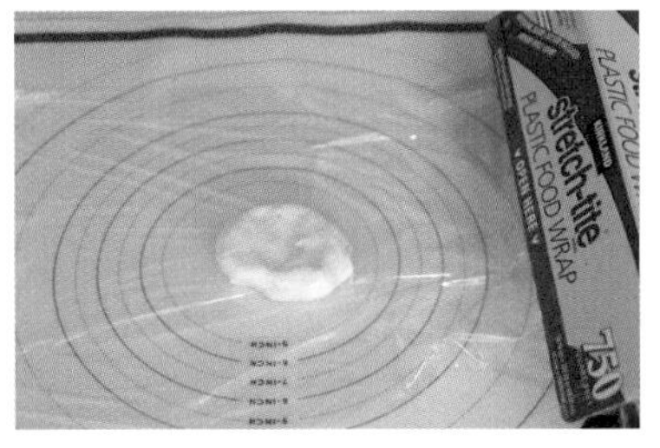

⑦ 초콜릿 반죽을 밀봉하여, 냉장고에 하루 휴지시킵니다.

⑧ 반죽이 바닥에 들러붙지 않도록, 덧가루로 옥수수전분(콘스탄치)를 뿌려줍니다.

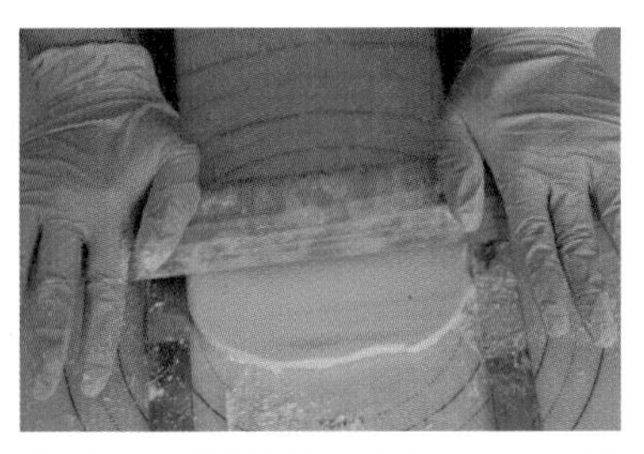

⑨ 휴지시킨 반죽을 꺼내, 2-3mm 두께로 밀어폅니다.

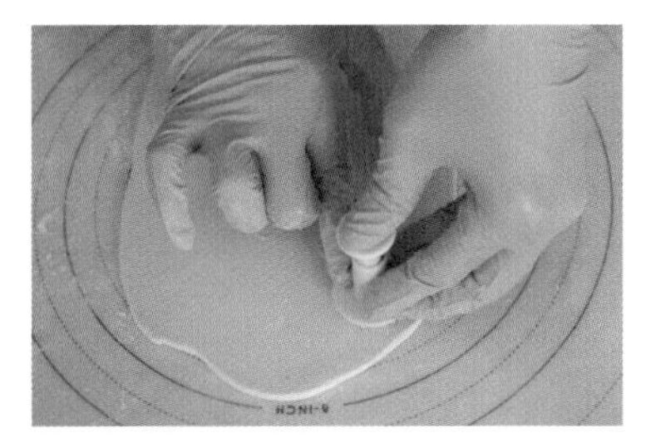

⑩ 눈꽃모양 쿠키 커터로 찍어내어 장식물을 완성합니다.

⑪ 완성한 장식물은 하루 말린 뒤, 실온에 보관하여 사용합니다.

Sweetherts Design Cake
Part. 7
lesson
4
다양한 데코레이션 데크닉

머랭쿠키

흰자	50g
설탕	50g
슈가파우더	50g

①
흰자에 설탕을 넣고 거품기로 섞어줍니다.

②
뜨거운 물이 담긴 중탕볼에 올린 뒤, 거품기로 계속 저어가며 반죽 온도가 60℃ 되도록 데워줍니다.

③
중탕한 흰자와 설탕을 핸드믹서 고속으로 단단하게 휘핑합니다.

④
②에 슈가파우더를 넣습니다.

⑤ 주걱으로 가볍게 퍼올리며 슈가파우더를 섞어줍니다.

⑥ 짤주머니에 색소를 묻힙니다.

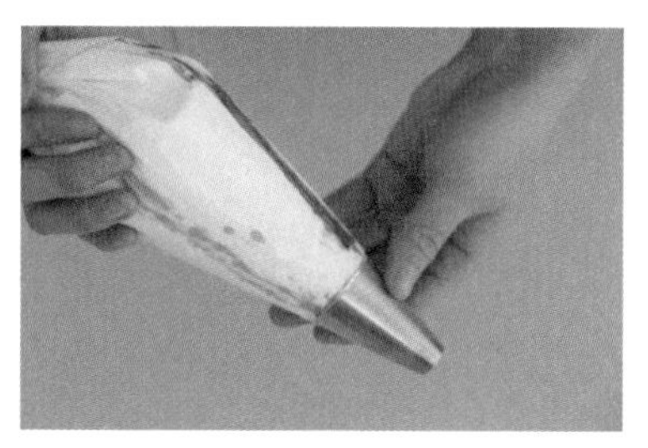

⑦ 짤주머니에 머랭 반죽을 넣습니다.

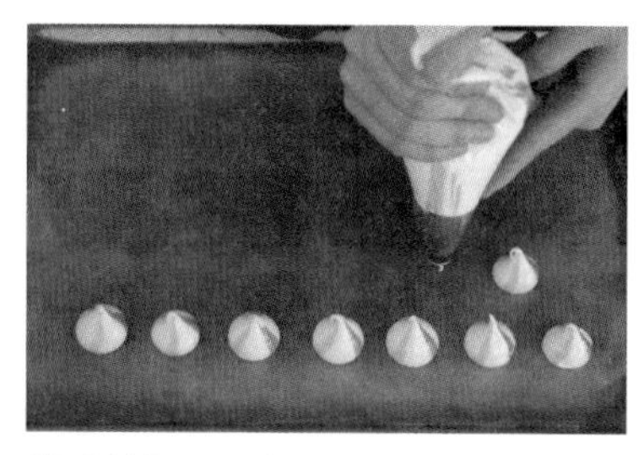

⑧ 원하는 모양으로 머랭을 파이핑합니다.

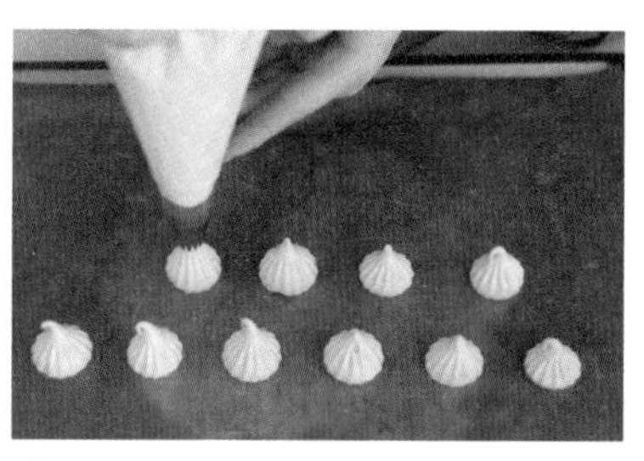

⑨ 이 외에도 원하는 깍지를 이용해 다양한 모양의 머랭쿠키를 만들 수 있습니다.

⑩ 오븐에 굽기 전 머랭을 파이핑 한 뒤, 스프링클을 뿌립니다.

⑪ 70℃ 오븐에 90분~120분 말리듯이 구워줍니다.

· 구워진 머랭쿠키는 습기에 민감하므로, 밀폐용기에 실리카겔을 함께 넣어 보관합니다

생화장식

생화 소독 & 랩핑하기

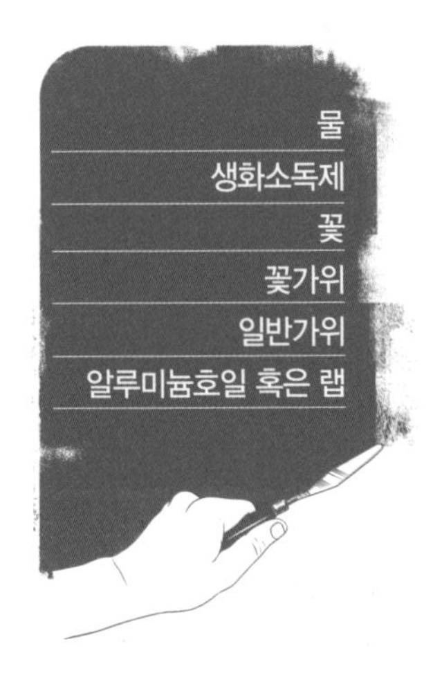

물
생화소독제
꽃
꽃가위
일반가위
알루미늄호일 혹은 랩

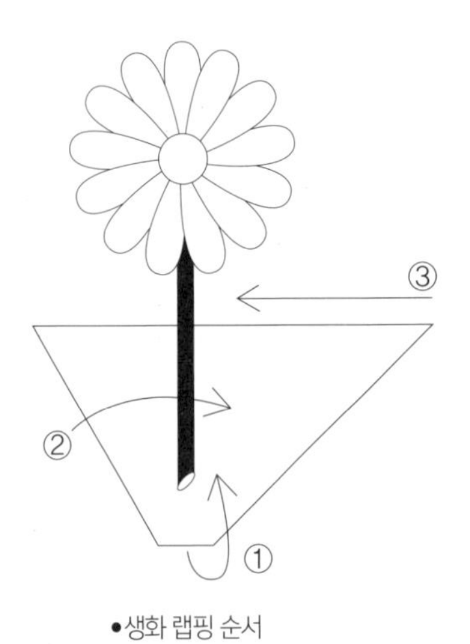

•생화 랩핑 순서

①
꽃 줄기 약 3cm정도 남겨놓고 자릅니다.

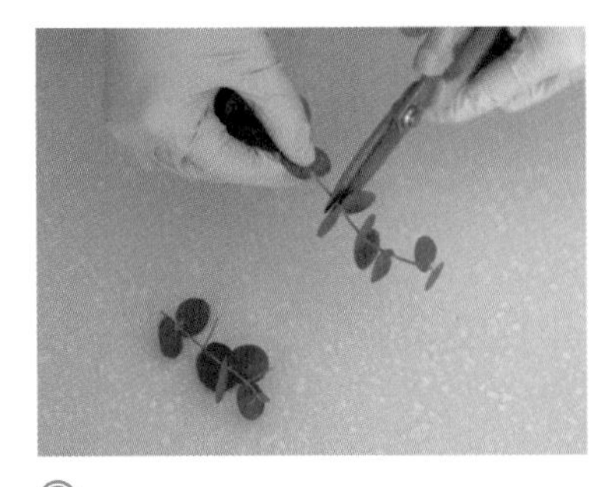

②
잎사귀 소재의 경우 원하는 길이 만큼 자릅니다.

③
물이 담긴 볼을 2개 준비해, 준비한 꽃을 2회에 걸쳐 헹궈내 1차 소독합니다.

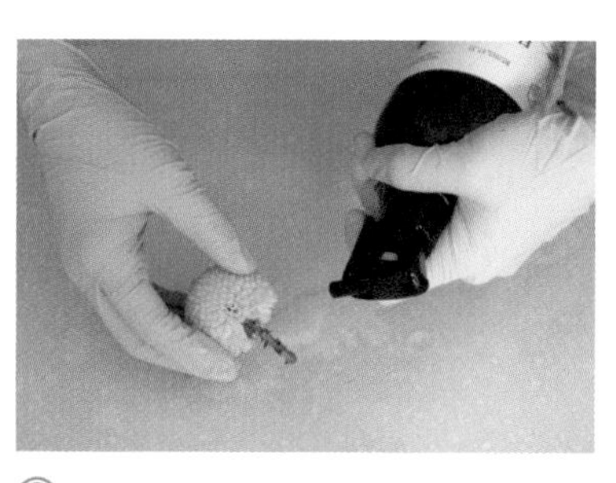

④
물기를 제거한 꽃을 꽃 전용 소독제를 뿌려 2차 소독합니다.

⑤
접착이 있는 랩을 사다리꼴모양으로 잘라줍니다.

⑥
①랩을 접어 케이크에 직접적으로 닿는 꽃 줄기의 단면을 감싸줍니다.

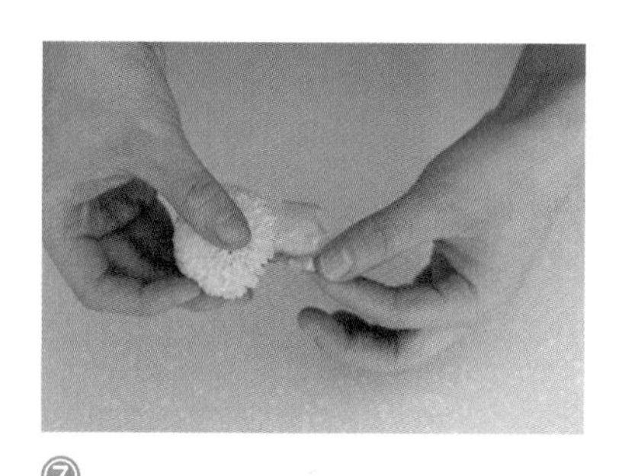

⑦
짧게 나온 ②랩을 이용하여 줄기를 감쌉니다.

⑧
마지막 ③랩으로 줄기를 감싸주어 랩이 빠지지 않게 해줍니다.

⑨
접착 랩이 없다면, 알루미늄 호일을 이용해도 좋습니다.

리스형태로 어레인지 하는 방법

①
얼굴이 큰 꽃은 케이크에 꽂아줍니다.

②
케이크 라인에 따라 그린소재를 둘러주어, 꽃과 꽃사이를 연결해줍니다.

③
작은 꽃들로 빈 공간을 채웁니다.

④
원하는 디자인으로 생화 어레인지를 마무리합니다.

Sweetheart Design Cake

Part. 7 lesson 6 다양한 데코레이션 데크닉

2단 케이크

①
위로 올라갈 케이크에 스패튤러를 6시 방향에서 넣어줍니다.

②
다른 한 손에 쥔 스패튤러를 9시 방향에서 넣어 ＋ 모양이 되게 만듭니다.

③
스패튤러가 케이크 바깥으로 삐져나오면 케이크 표면에 빵가루가 묻어나와 지저분해지므로, 스패튤러를 너무 깊숙이 넣지 않도록 주의합니다.

④
케이크를 들어올립니다.

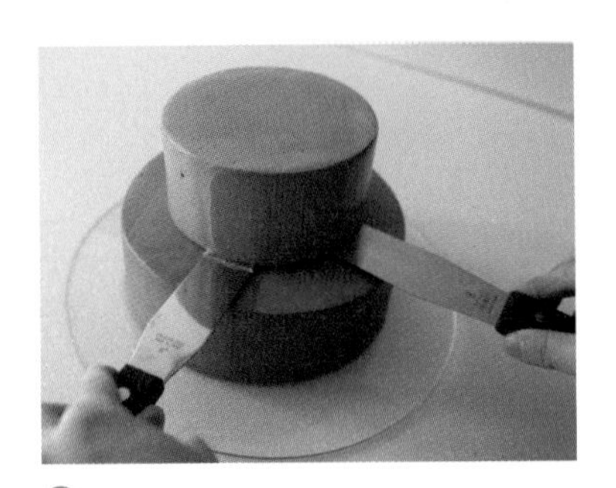

⑤
중앙에 위치하도록 케이크를 옮깁니다.

⑥
왼손에 쥐고 있는 스패튤러를 7시 방향으로 옮겨 케이크를 걸쳐서 들고 있도록 합니다.

⑦
오른손에 쥐고있는 스패튤러를 움직여 스패튤러의 끝이 케이크를 걸치고 있게 합니다.

⑧
스패튤러가 케이크에 닿도록 완전히 내려놓고 수평을 유지하면서 스패튤러를 제거합니다.

⑨
스패튤러를 빼낼 때 손목이 위로↗ 혹은 아래로↘ 꺾여있으면, 케이크를 망가뜨리게 되니, 꼭 수평을 유지하면서 스패튤러를 제거해주세요.

⑩
원하는 디자인으로 데코레이션하여 2단 케이크를 완성합니다.

We aint worried I said.
Written by John Ashton,
Vince Ely

Part 8

스윗헤르츠 디자인케이크 만들기

- Lesson 1. Congratulation!
- Lesson 2. Palette Beads Cake
- Lesson 3. 쪼각파티
- Lesson 4. Merry Tree
- Lesson 5. Chocolate
- Lesson 6. 돈까스 케이크
- Lesson 7. Floral Cake
- Lesson 8. wedding cake
- Lesson 9 쥬라기
- Lesson 10. Rainbow Candy

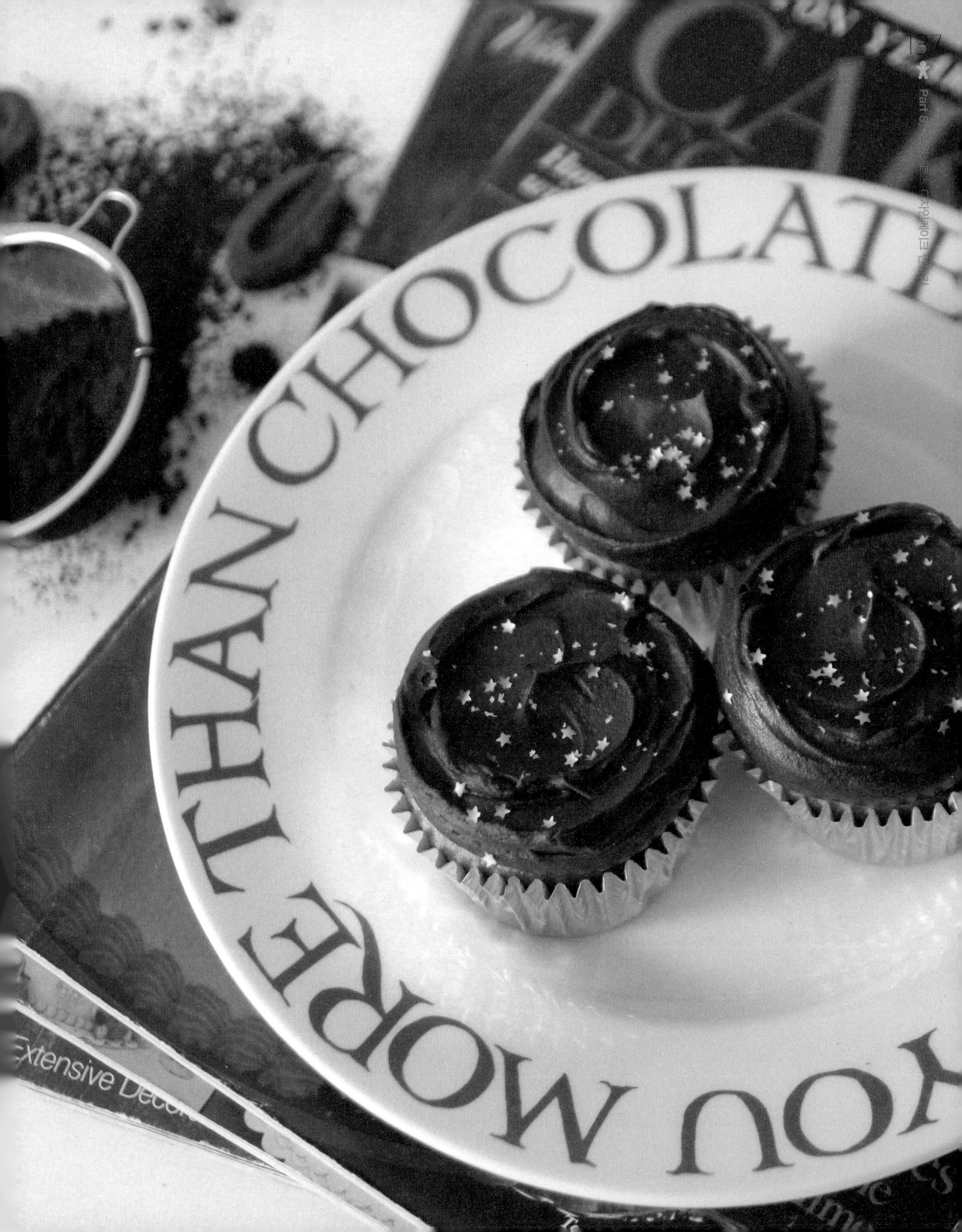
YOU MORE THAN CHOCOLAT
Extensive Deco

Part. 8 스윗헤르츠 디자인케이크 만들기

Congratulation!

level **Cake** 사이즈 : 원형1호 **모양깍지 Tip** : 862번, 4번, 2번 **컬러 Color** : 베이지색 (ivory+lemon yellow)
빨간색 (red+pink+brown)

①
애벌아이싱을 마친 원형 1호케이크를, 베이지색 크림으로 아이싱합니다.

②
아이싱과 동일한 크림으로 862번 깍지를 이용하여, 윗면과 하단 테두리에 쉘 모양으로 장식합니다.

③
4번 깍지를 이용하여, 아이보리색으로 레터링을 합니다.

④
2번 깍지를 이용하여, 레드컬러로 겹쳐서 레터링 합니다.

⑤
핀셋을 이용하여, 스프링클을 얹어주어 케이크디자인을 완성합니다.

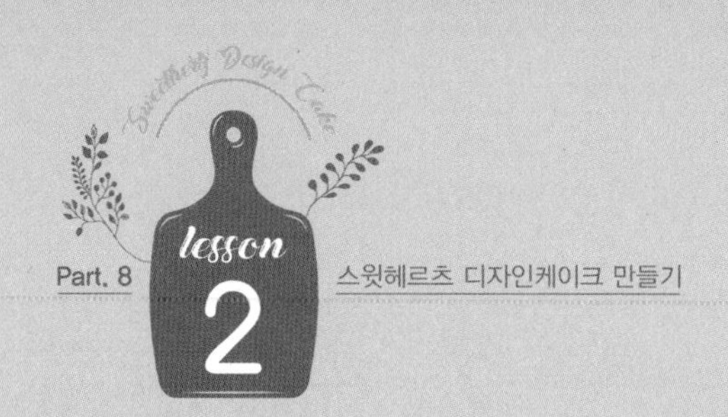

Palette Beads Cake

level ●●   *Cake* 사이즈 : 원형 미니 2개

Color : 하얀색, 핑크색(pink+brown), 노란색 (lemon yellow+brown), 짙은초록색 (forest green+brown) 주황색 (orange+orange yellow), 연두색 (leaf green+lemon yellow+brown)

기타 : 아라잔(실버)

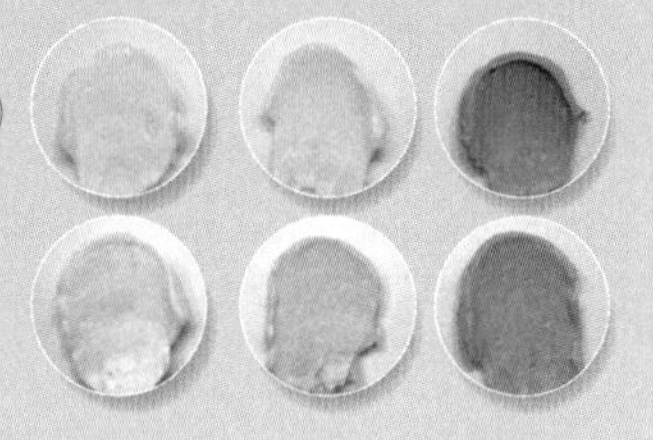

①
미니사이즈 케이크 2개를 높게 쌓아, 하얀색 크림을 이용하여 질감을 만들어가며 아이싱합니다.

②
유화용 나이프와, 색깔크림을 준비합니다.

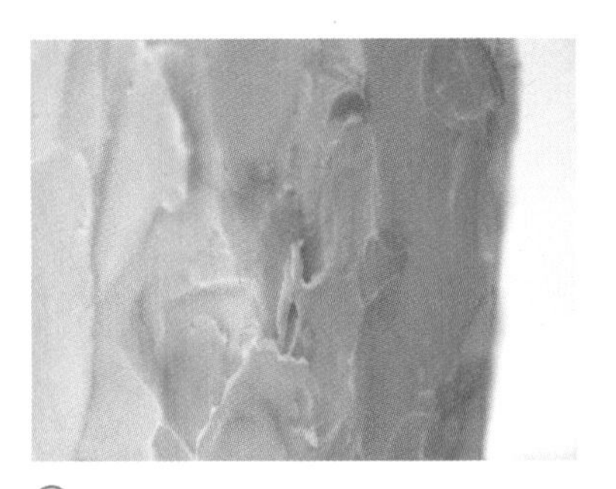

③
준비한 색깔 크림을 스패튤러를 이용하여 러프하게 질감을 표현해가며 색을 섞어줍니다.

④
핀셋을 이용해 아라잔을 붙여주어, 케이크를 완성합니다.

쪼각파티

level ●●● *Cake* 사이즈 : 원형2호

Color : 노란색(lemon yellow) 민트색(yellow+sky blue) 갈색(brown+red)
하늘색 (skyblue+navy blue), 핑크색 (rose+brown), 빨간색 (red)

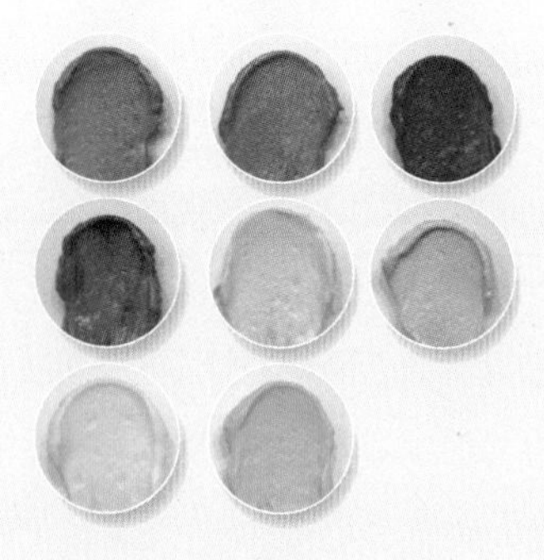

①
애벌아이싱을 마친 2호 사이즈 케이크를 준비하여, 노란색 크림으로 아이싱을 합니다.

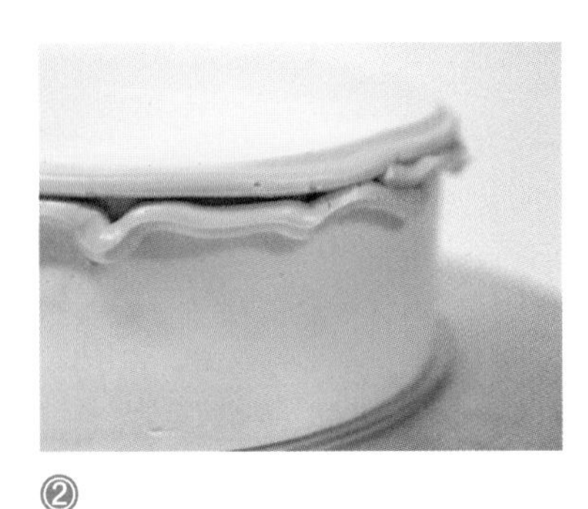

②
민트색 크림으로 짤주머니를 이용하여, 더블아이싱 할 부위만큼 크림을 짜줍니다.

③
스크래퍼를 이용하여, 덧댄 민트색 크림을 아이싱합니다.

④
옆면에서 살짝 올라온 크림을 정리하며 아이싱하면, 그라데이션효과를 줄 수 있습니다.

⑤
동일한 조각모양으로 나누기 쉽도록, 2호 전용 케이크 분할기를 이용해 구역을 나누어줍니다.

⑥
5번 깍지를 이용하여, 하늘색 크림으로 레터링합니다.

⑦
3번 깍지를 이용하여, 핑크색 크림으로 덧대어 레터링합니다.

⑧
840번 깍지를 이용하여 로즈버트 모양을 짜줍니다.

⑨
로즈버트 위에 스프링클을 뿌려줍니다.

⑩
3번 깍지를 이용하여, 갈색, 빨간색, 하얀색 크림으로 캐릭터를 그려줍니다. (눈, 코는 0번깍지를 사용했습니다.)

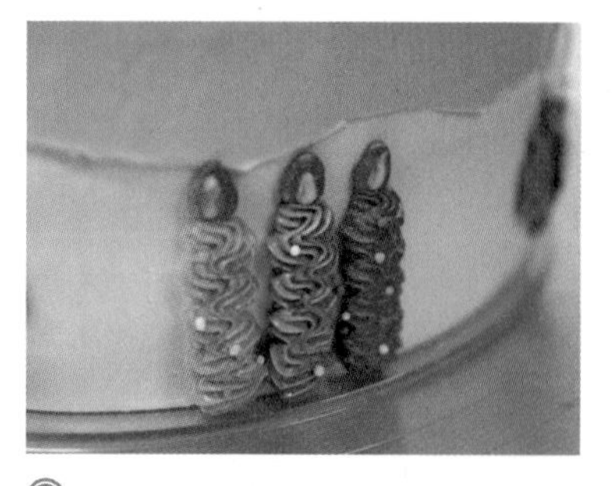

⑪
840번과 5번 깍지를 이용하여, 케이크 초를 그려준 뒤 스프링클을 뿌려줍니다.

⑫
스프링클을 붙여 알록달록 컨페티를 표현합니다. 스프링클이 없다면, 1,2번 깍지를 이용해 그려주어도 좋습니다.

⑬
체리를 올려 케이크디자인을 마무리합니다.

⑭
케이크 분할선에 맞춰 케이크칼을 이용하여 자릅니다

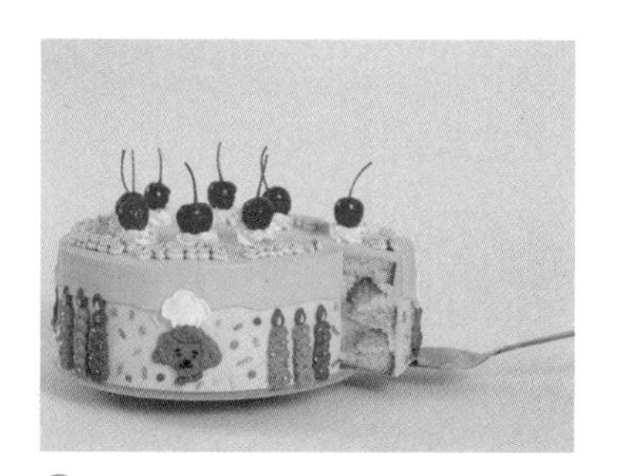

⑮
칼을 뜨겁게 달구어 컷팅하면 단면을 깨끗하게 자를 수 있습니다.

- 케이크를 냉장에서 1시간이상 두어 크림을 고정시킨 뒤 컷팅해야 무너지지 않습니다.

- 케이크 칼은 토치로 뜨겁게 달구거나, 뜨거운 물에 담궜다가 물기를 제거 한 후 사용해야 케이크단면을 깔끔하게 컷팅 할 수 있습니다.

Merry Tree

level ●●● **Cake** 사이즈 : 높은원형 1호 (1.5cm 4장)

Color : 초록색(forest green+ leaf green+navy blue), 빨간색 (red), 하얀색

기타 : 원형무스링, 빨대, 눈꽃장식물, 크리스마스리스 토퍼, 별모양 초, 스프링클, 식용금펄

①
1.5cm 케이크시트를 4장 준비하여, 무스링으로 잘라줍니다.

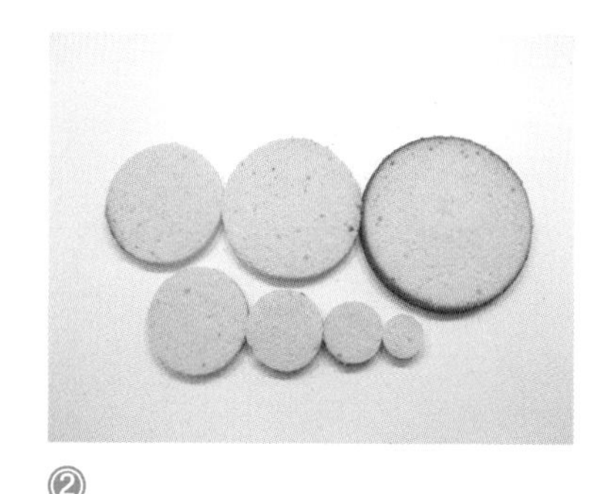

②
필요한 시트: 15cm – 12cm – 10cm –8cm – 6cm – 4cm – 3cm

③
과일을 얇게 슬라이스하여 1~4번째 시트까지 샌드합니다.

④
5~7번째 시트는 크림만 발라서 붙여줍니다.

⑤
원뿔 모양으로 애벌아이싱까지 완성 된 케이크 중앙에 빨대를 꽂아, 케이크가 넘어지지 않도록 고정시킨 후, 남는 부분은 가위로 잘라냅니다.

⑥
짤주머니를 이용하여 초록색크림을 일정한 두께로 발라줍니다.

⑦
스패츌러를 이용해, 스월무늬를 만들어 줍니다

⑧
케이크 중앙에 크리스마스 리스를 붙여줍니다.

⑨
케이크 위에는 별모양 초를 꽂아줍니다.

⑩
미리 만들어 둔 눈꽃장식물을 붙여줍니다.

⑪
5번 깍지를 끼운 하얀색크림으로 지팡이를 그려줍니다.

⑫
1번 깍지에는 빨간색크림을 넣어 지팡이에 무늬를 그려넣습니다.

⑬
눈사람 스프링클을 붙여줍니다.

⑭
1번깍지를 끼운 빨간색크림으로 작은하트를 그려넣습니다.

⑮
빈 공간에 작은 스프링클을 붙여줍니다. (스프링클이 없다면, 다양한 컬러로 크림을 조색하여, 작은 원형깍지로 그려주어도 좋습니다.)

⑯
반짝이는 식용금펄을 뿌려, 트리케이크를 마무리합니다.

Part. 8 스윗헤르츠 디자인케이크 만들기

Chocolate

level ●●● *Cake* 사이즈 : 원형 1호 2개 모양깍지 Tip : 2F, 840
Color : 갈색(brown+red), 하얀색
기타 : 오레오쿠키, 초콜릿가나슈, 스프링클

① 원형 1호 사이즈 케이크 2개를 높게 쌓은 케이크를 준비하여, 갈색크림과 하얀색크림을 각각 짤주머니에 넣고 번갈아가며 두께감있게 발라줍니다.

② 스크래퍼를 이용해 아이싱하여, 스트라이프무늬를 만들어줍니다.

③ 초콜릿 가나슈를 만들어, 케이크 테두리에만 초콜릿드립을 합니다.

④ 초콜릿가나슈에 나무꼬지를 이용하여 스프링클을 붙여줍니다.

⑤ 2F 깍지를 끼운 짤주머니에 갈색과 하얀색크림을 반반씩 넣어 케이크 윗면 테두리에 장식합니다.

⑥ 크림데코 사이에 오레오쿠키를 올립니다.

⑦ 840 깍지를 끼운 짤주머니에 갈색과 하얀색 크림을 반반씩 넣어, 케이크 하단테두리에 8자 변형짜기 모양으로 장식합니다.

Part. 8 lesson 6 스윗헤르츠 디자인케이크 만들기

돈까스 케이크

level Cake 사이즈 : 원형 1호 모양깍지 Tip : 3번, 4번, 6번, 8번, 10번, 44번, 349번, 807번

Color : 연두(leaf green+lemon yellow), 노랑 (lemon yellow+ orange yellow),
초록 (forest green+ leaf green), 빨강 (red), 주황(orange+lemon yellow)

기타 : 아이스크림 스쿱(6.5cm), 파에테포요틴, 초콜릿 가나슈, 검정색스프링클

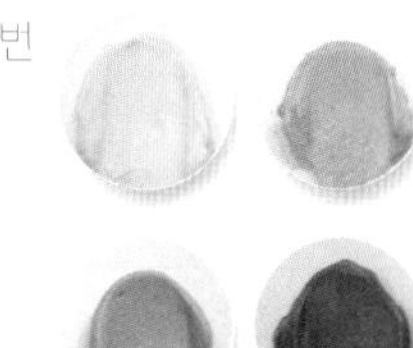

①
1.5cm로 재단한 케이크시트 2장을 돈까스모양으로 컷팅합니다.

②
크림을 얇게 발라줍니다.

③
파에테포요틴을 붙여 바삭하게 튀긴 표면을 만들어줍니다.

④
파에티포요틴을 붙인 시트를 플레이트에 옮겨줍니다.

⑤
아이스크림스쿱을 이용하여, 크림치즈 프로스팅을 접시에 올려줍니다.

⑥
그 위에 6번 팁을 이용해 쌀알 모양을 그려 밥을 완성합니다.

⑦
후추를 표현하기위해 검정색스프링클을 잘게 부수어줍니다.

⑧
가루낸 검정색스프링클을 밥 위에 뿌려, 후추를 표현합니다.

⑨
44번 팁에 연두색 크림을 넣어 샐러드를 표현합니다.

⑩
3번 팁에 주황색 크림을 넣어 샐러드 위에 소스처럼 뿌려줍니다.

⑪
8번 팁에 노란색크림을 넣어 옥수수를, 10번 팁엔 초록색크림을 넣어 완두콩을 표현합니다.

⑫
opp필름에 노란색 크림으로 단무지모양을 만들어준 뒤, 냉동실에 얼립니다.

⑬
냉동실에 얼린 단무지를 떼어내어, 플레이트에 옮겨줍니다.

⑭
807번팁에 빨간색 크림을 넣어 방울토마토모양을 짜줍니다.

⑮
349번 팁에 초록색을 넣어 꼭지를 만들어 방울토마토를 완성합니다.

⑯
다크초콜릿 가나슈를 만들어 돈까스 윗면에 부어주어, 돈까스 소스를 표현합니다.

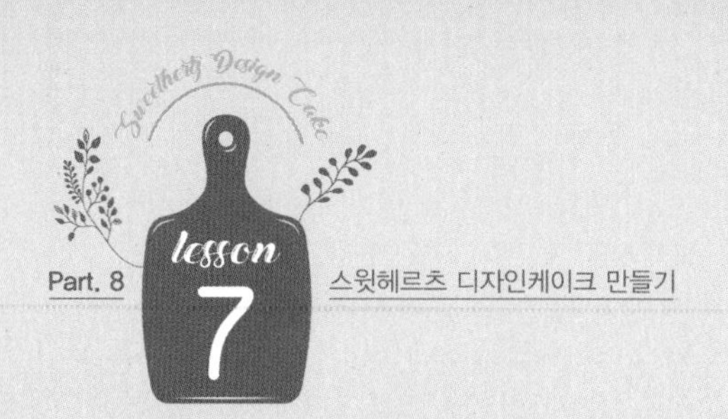

Part. 8 스윗헤르츠 디자인케이크 만들기

Floral Cake

level ●●● **Cake 사이즈** : 원형 미니 2개 **모양깍지 Tip** : 1번, 101번, 102번, 125K번
Color : 연한초록색(leaf green+lemon yellow+brown), 버건디(red, burgundy wine)
기타 : 아라잔

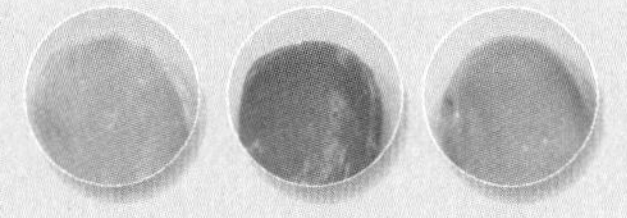

①
원형 미니 사이즈 케이크 2개를 높게 샌드하여, 민트색 크림을 이용하여 아이싱합니다.

②
125K번 팁에 하얀색크림과 버건디색 크림을을 함께 넣어 꽃을 짜 냉동실에 얼립니다.

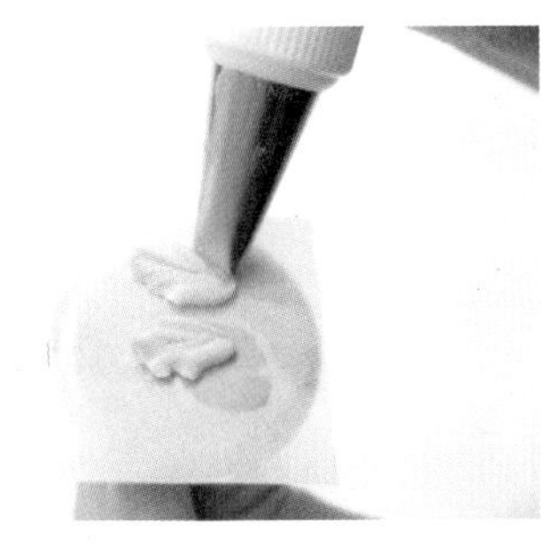

③
101번 팁에 연두색을 넣어 나뭇잎 모양을 짜 냉동실에 얼립니다.

④
냉동실에 얼린 꽃과 나뭇잎을 붙여주고, 102번 팁으로 꽃잎을 짜줍니다.

⑤
1번 팁으로 꽃수술을 짜줍니다.

⑥
아라잔으로 케이크디자인을 마무리합니다.

Wedding Cake

level ●●●● **Cake 사이즈** : 원형 1호 2개 **Color** : 하늘색 (sky blue)
기타 : 생화(맨스필드장미, 소프라노장미, 델피늄, 버터플라이, 설유화, 폴리안-유칼리투스과), 아라잔

①
원형 1호케이크를 2단으로 높게 샌드하여 하늘색크림으로 아이싱합니다.

②
스패튤러를 이용해 무늬를 냅니다.

③
생화를 소독하여 꽃을 랩핑 후, 어레인지합니다.

④
큰 꽃들을 먼저 채운 후, 작은 소재의 꽃을 어레인지하는 것이 좋습니다.

⑤
아라잔을 붙여, 케이크디자인을 마무리합니다.

Sweethertz Design Cake
lesson
9
Part. 8
스윗헤르츠 디자인케이크 만들기

쥬라기

level ●●●●● *Cake* 사이즈 : 원형 미니 1호 1개, 2호 1개
모양깍지 tip : 6, 24, 349, 864
Color : 초록(forest green+leaf green+lemonyellow) , 갈색(brown+lemon yellow), 먹색(black), 하늘색(sky blue)
기타 : 과자, 초콜릿, 공룡피규어, 유화용나이프, 붓

①
원형 미니케이크와 2호케이크에 초록색 크림으로 아이싱합니다.

②
미니사이즈 케이크를 2호 케이크에 올려줍니다.

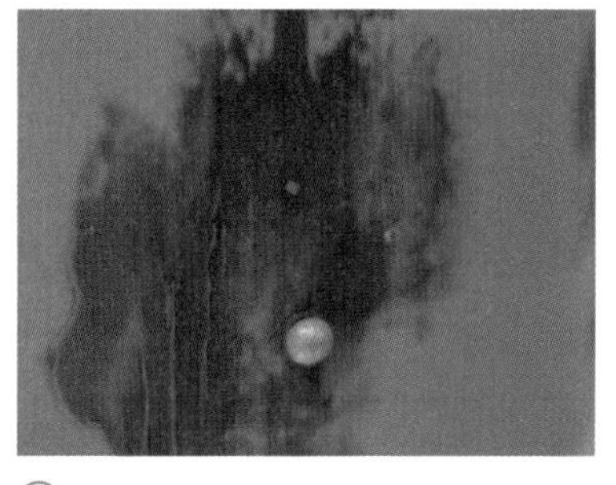

③
아이싱해 놓은 케이크에. 초록색, 갈색, 먹색크림을 붓과 유화용 나이프를 이용해 그라데이션과 질감을 표현해줍니다.

④
하늘색, 흰색크림을 이용해 폭포수를 표현합니다.

⑤
864번 팁으로 쉘모양을 짜줍니다.

⑥
과자를 잘라 케이크에 붙여 울타리를 표현합니다.

⑦
233번 깍지를 이용해 풀을 표현합니다.

⑧
폭포수 주변에 돌모양 초콜릿을 올립니다.

⑨
6번 팁에 진한초록색크림을 넣어 크림을 짜줍니다.

⑩
349번 팁으로 나뭇잎을 짜줍니다.

⑪
24번 별깍지를 이용해 중간 중간 포인트데코를 합니다.

⑫
공룡 피규어를 올려 케이크를 디자인을 완성합니다.

Part. 8 스윗헤르츠 디자인케이크 만들기

Rainbow Candy

level ●●●●● *Cake* 사이즈 : 원형 지름10cm 1개 + 원형 1호 1개 + 원형 2호 1개
모양깍지 tip : 24, 349, 840, 863
Color : 빨간색(red), 주황색(orange), 연노랑색(lemon yellow), 초록색(leaf green)
파란색(sky blue), 보라색(violet)
기타 : 사탕, 화이트가나슈, 아이스크림콘, 스프링클

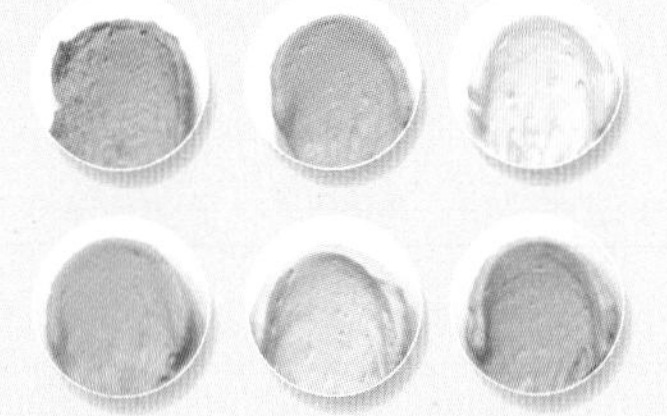

①
빨강, 주황, 노랑, 초록, 파랑, 보라색을 짤주머니에 각각 넣어 케이크에 크림을 짜줍니다.

②
미니, 1호, 2호사이즈 케이크에 무지개 아이싱을 합니다.

③
아이싱한 케이크를 3단으로 쌓아올려 줍니다.

④
화이트초콜릿 가나슈를 만들어 테두리에 초콜릿드립을 합니다.

⑤
863번 팁으로 케이크 테두리에 아이스크림 모양을 짜줍니다.

⑥
840번 깍지에 보라색, 하늘색, 주황색크림을 넣어 크림을 짜줍니다.

⑦
24번 깍지에 빨간색, 노란색크림을 넣어 크림을 짜줍니다.

⑧
349번 깍지에 초록색크림을 넣어 나뭇잎을 짜줍니다.

⑨
크림위에 스프링클을 뿌려줍니다.

⑩
아이스크림 콘을 올려줍니다.

⑪
콘에 863번 깍지로 아이스크림모양을 짜줍니다.

⑫
스프링클을 뿌려 완성한 아이스크림을 케이크옆면에 붙여줍니다.

⑬
사탕을 케이크 위에 올려줍니다.

⑭
회오리사탕을 옆면에 올려 케이크디자인을 마무리합니다.

모양깍지 연습용

워크북

•모양깍지 워크북을 절취선을 따라 한장씩 뜯어 연습해보세요.
투명아크릴 판을 용지 위에 얹어 연습하면 워크북용지를 여러번 사용할 수 있습니다.
(투명아크릴판이 준비되지 않았다면 랩이나 ohp필름 등으로 대체하여 사용해도 좋습니다.)

•일직선 상으로 '형태잡는 연습'을 한 후,
뒷면에 있는 15cm원형 테두리를 따라서 곡선형태로 모양을 잡는
'실전연습'을 해보세요.

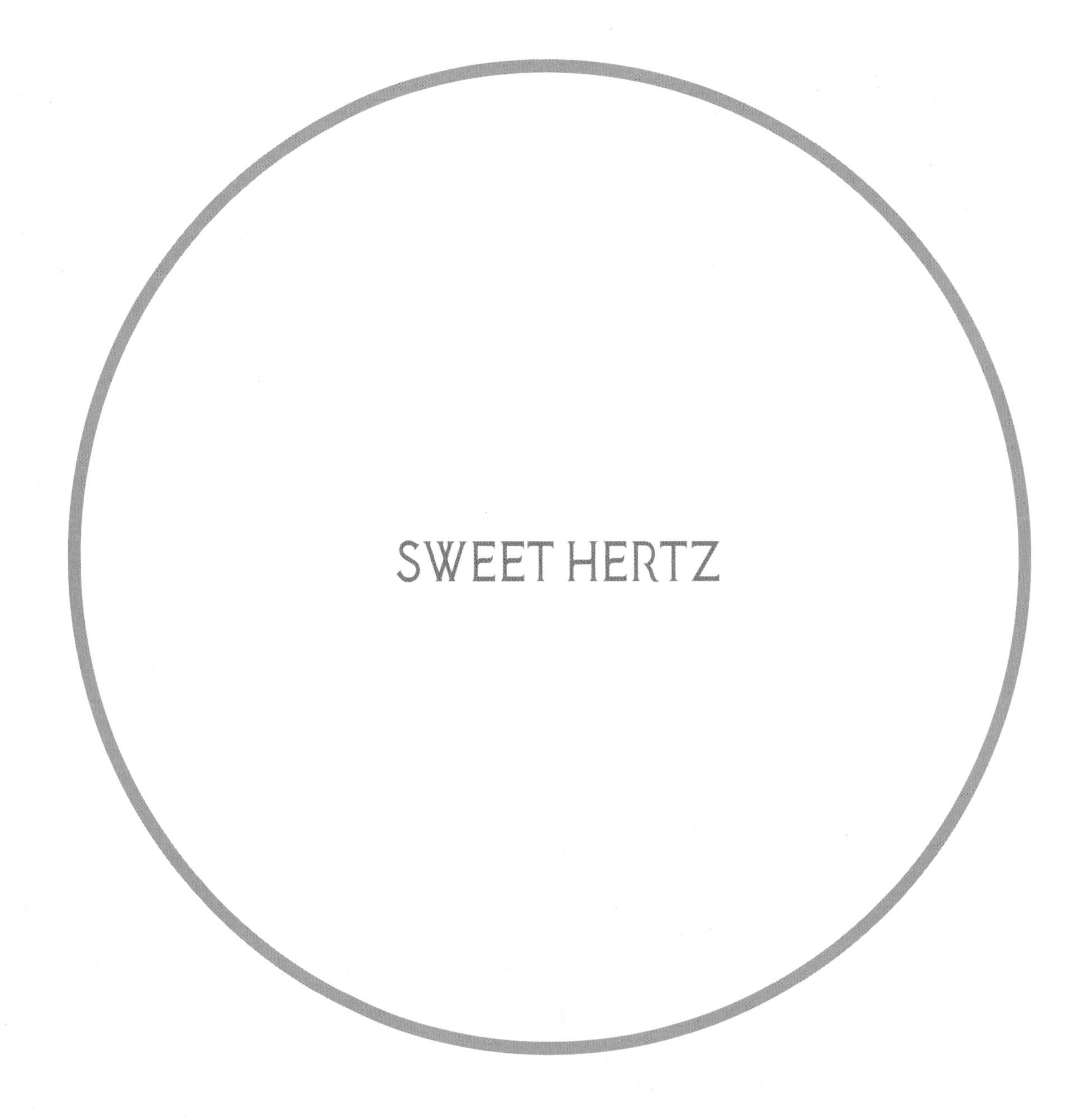
SWEET HERTZ

바구니빗살깍지 – 늘여짜기 (895번)

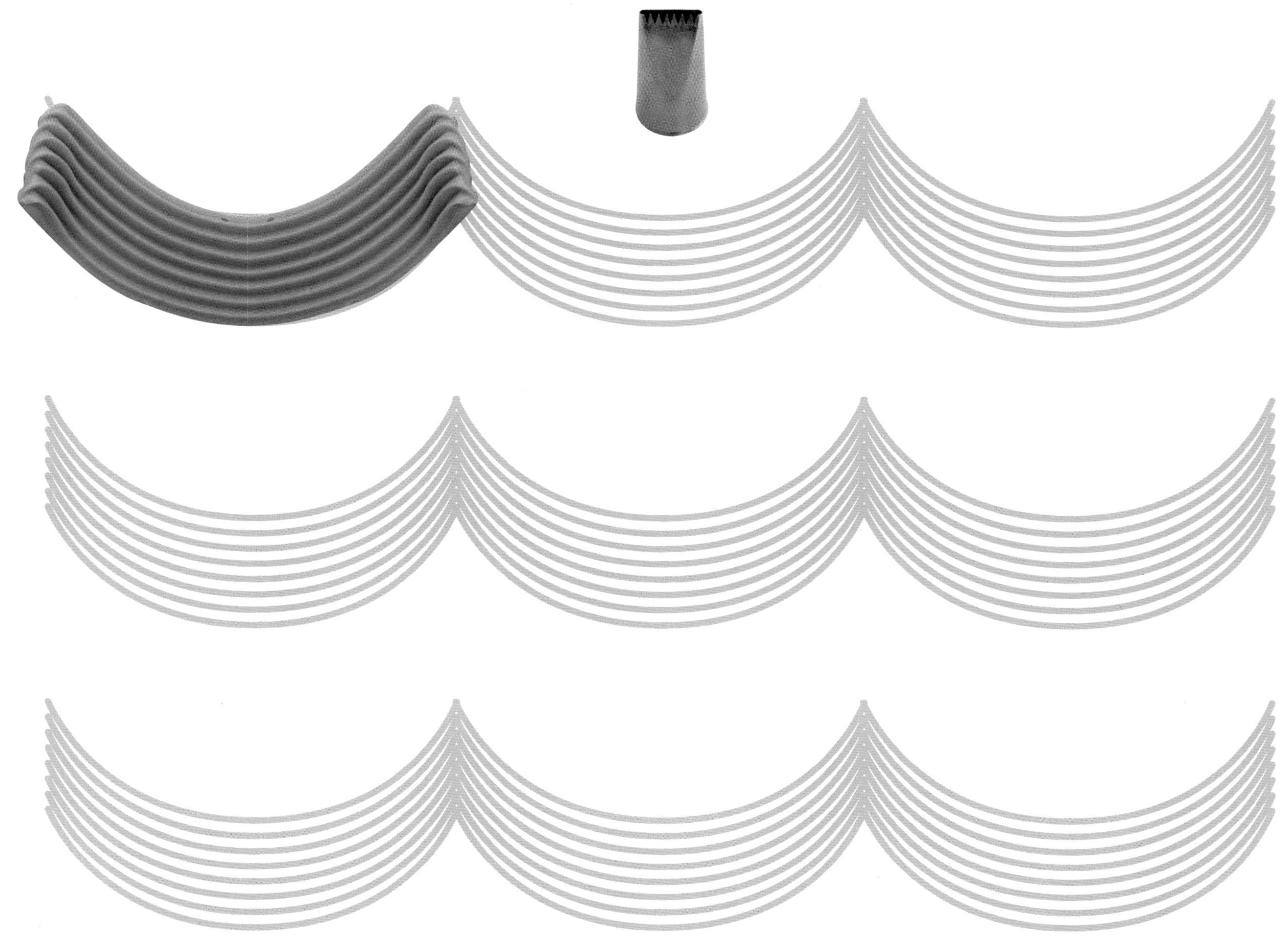

절취선을 따라 자른 후 연습해보세요

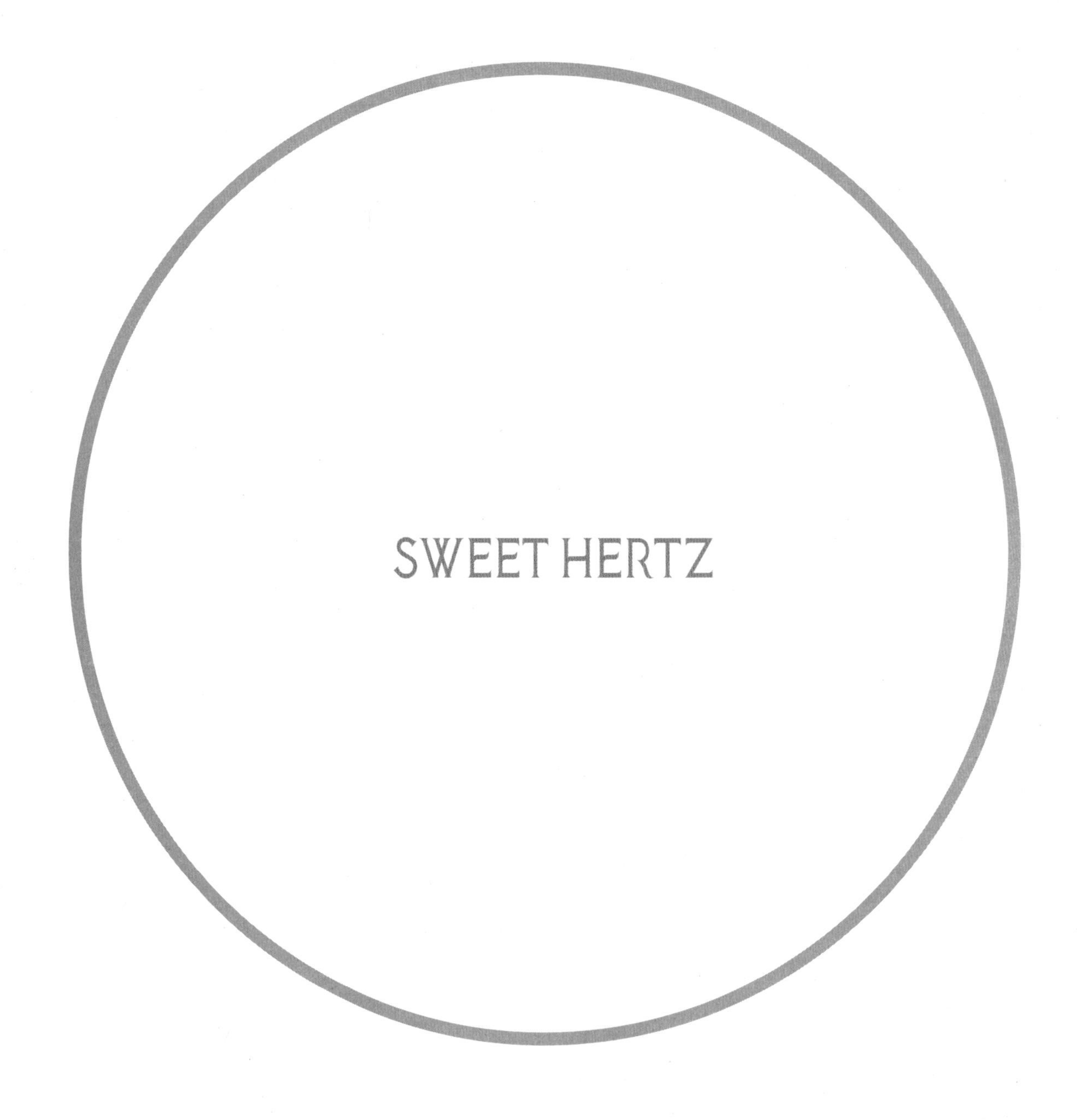
SWEET HERTZ

바구니빗살깍지 – 지그재그짜기 (895번)

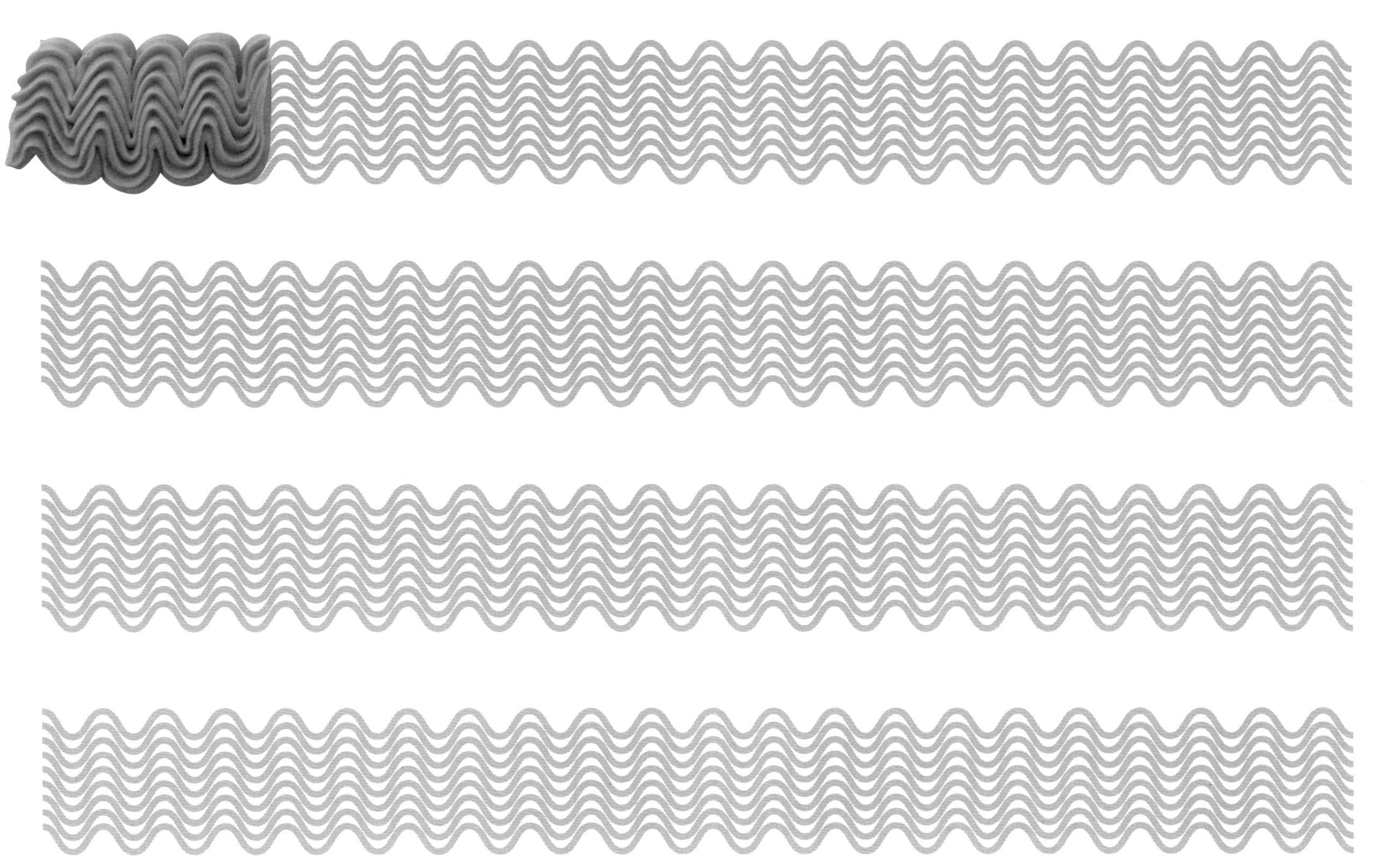

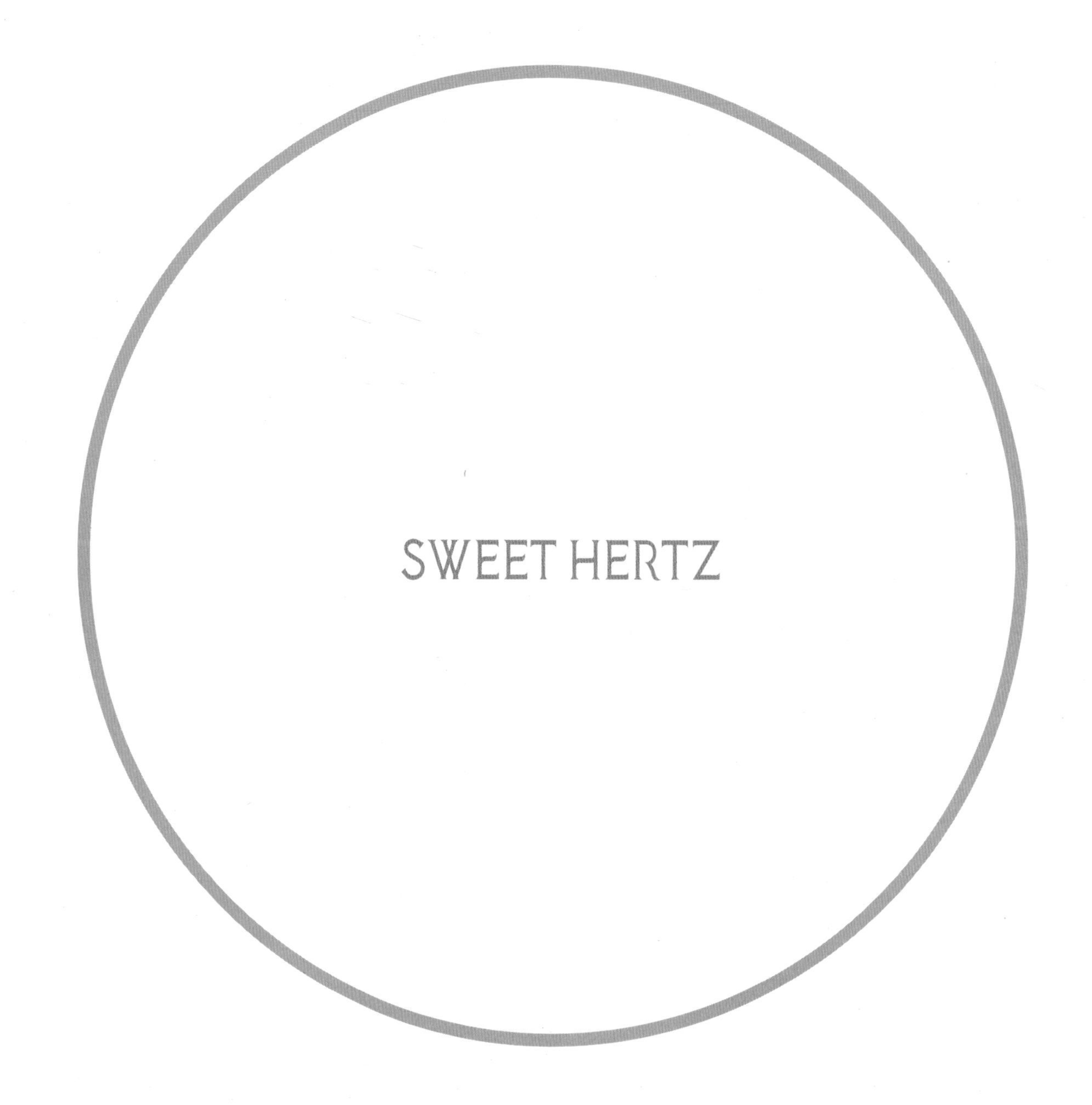
SWEET HERTZ

리프깍지 – 나뭇잎짜기1 (352번)

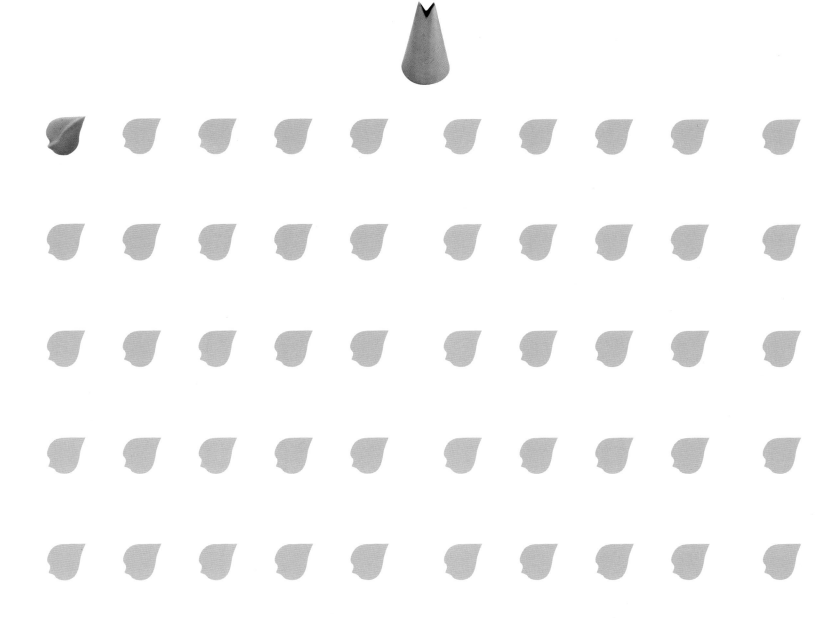

SWEET HERTZ

리프깍지 – 나뭇잎짜기2 (352번)

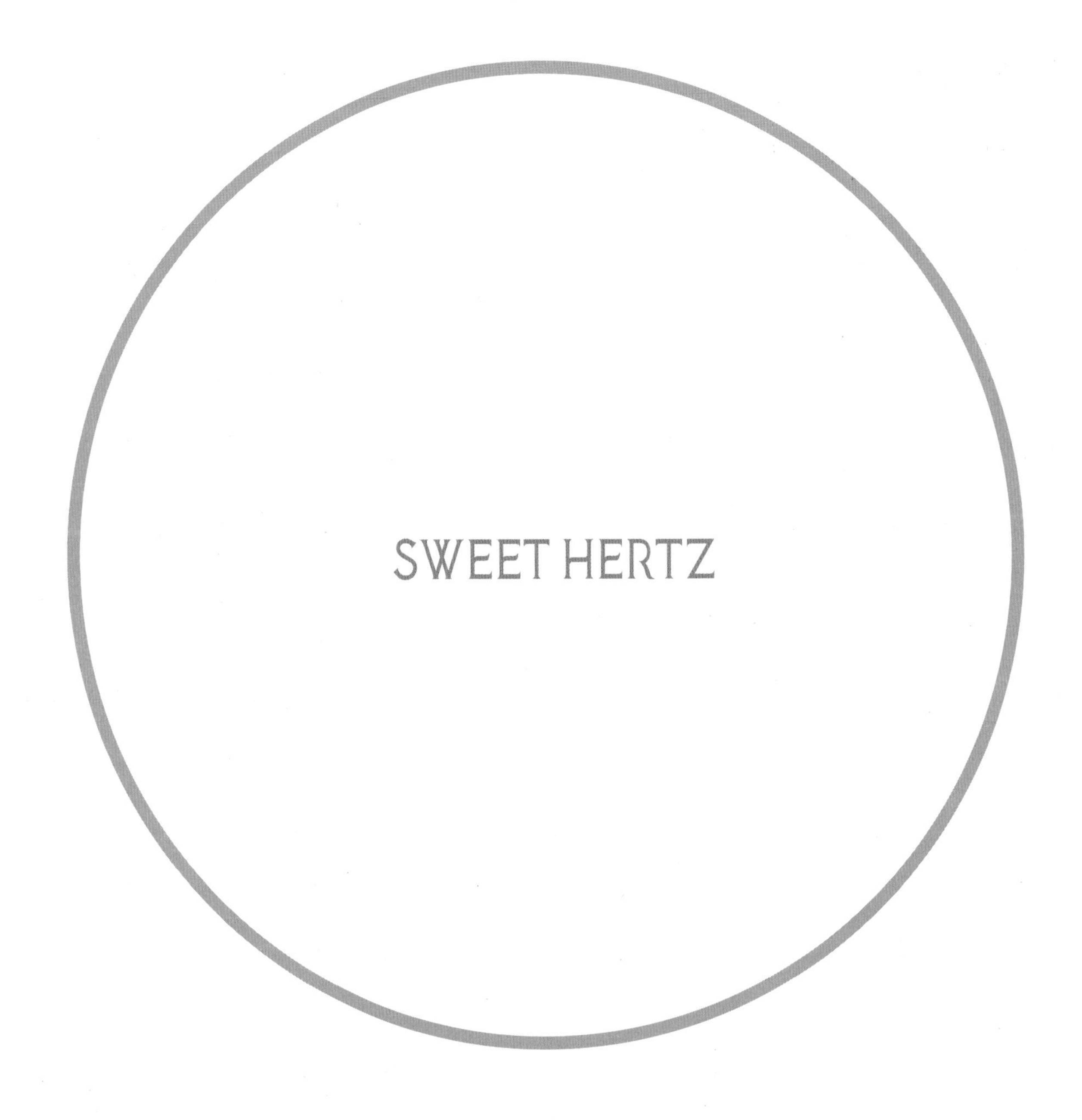
SWEET HERTZ

러플깍지 – 러플짜기1 (113번)

절취선을 따라 자른 후 연습해보세요.

SWEET HERTZ

러플깍지 – 러플짜기2 (113번)

절취선을 따라 자른 후 연습해보세요

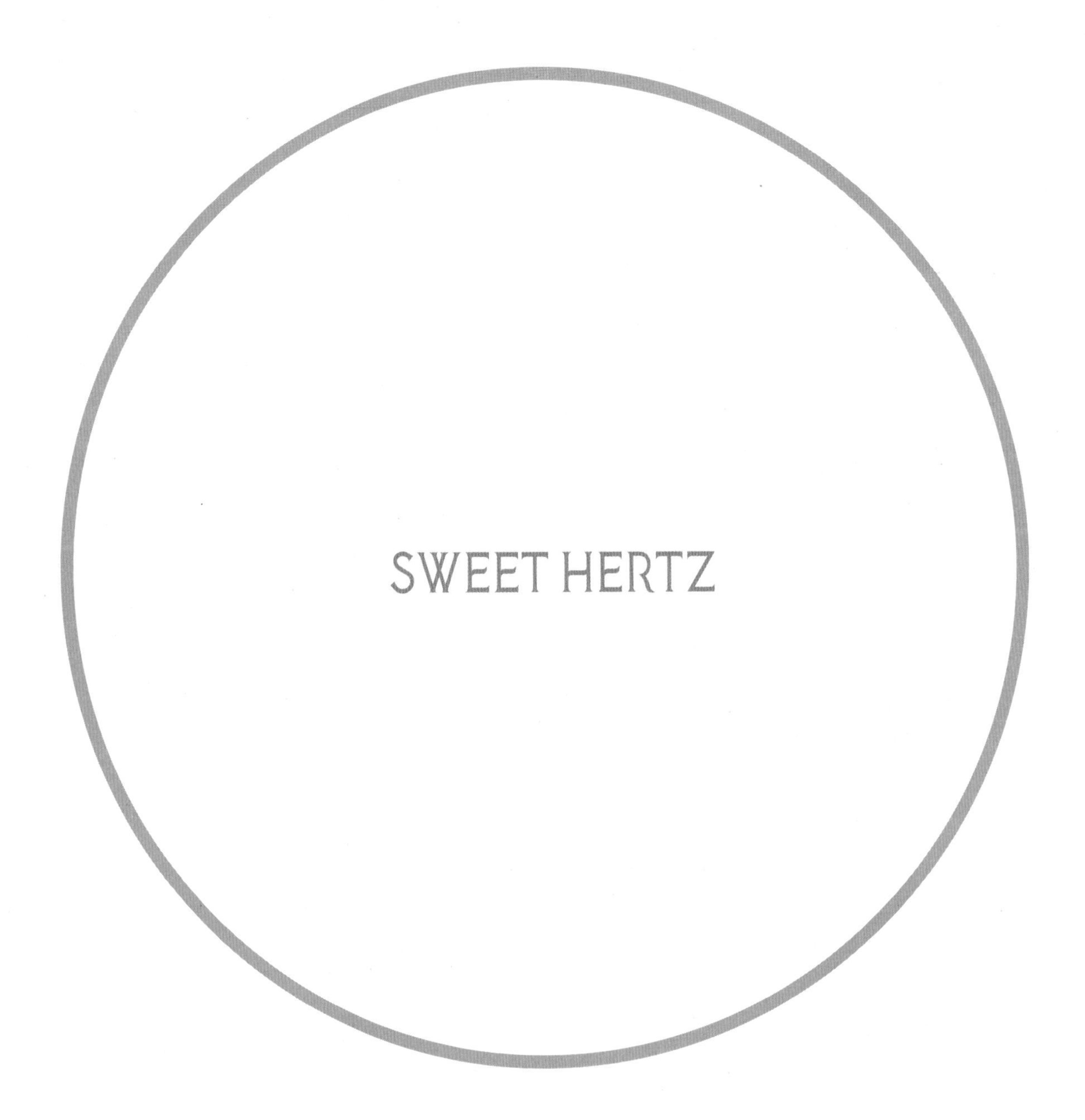
SWEET HERTZ

러플깍지 – 리본짜기 (113번)

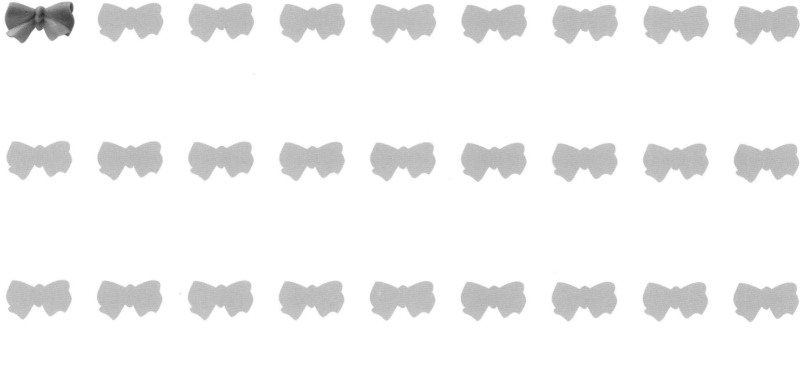

절취선을 따라 자른 후 연습해보세요

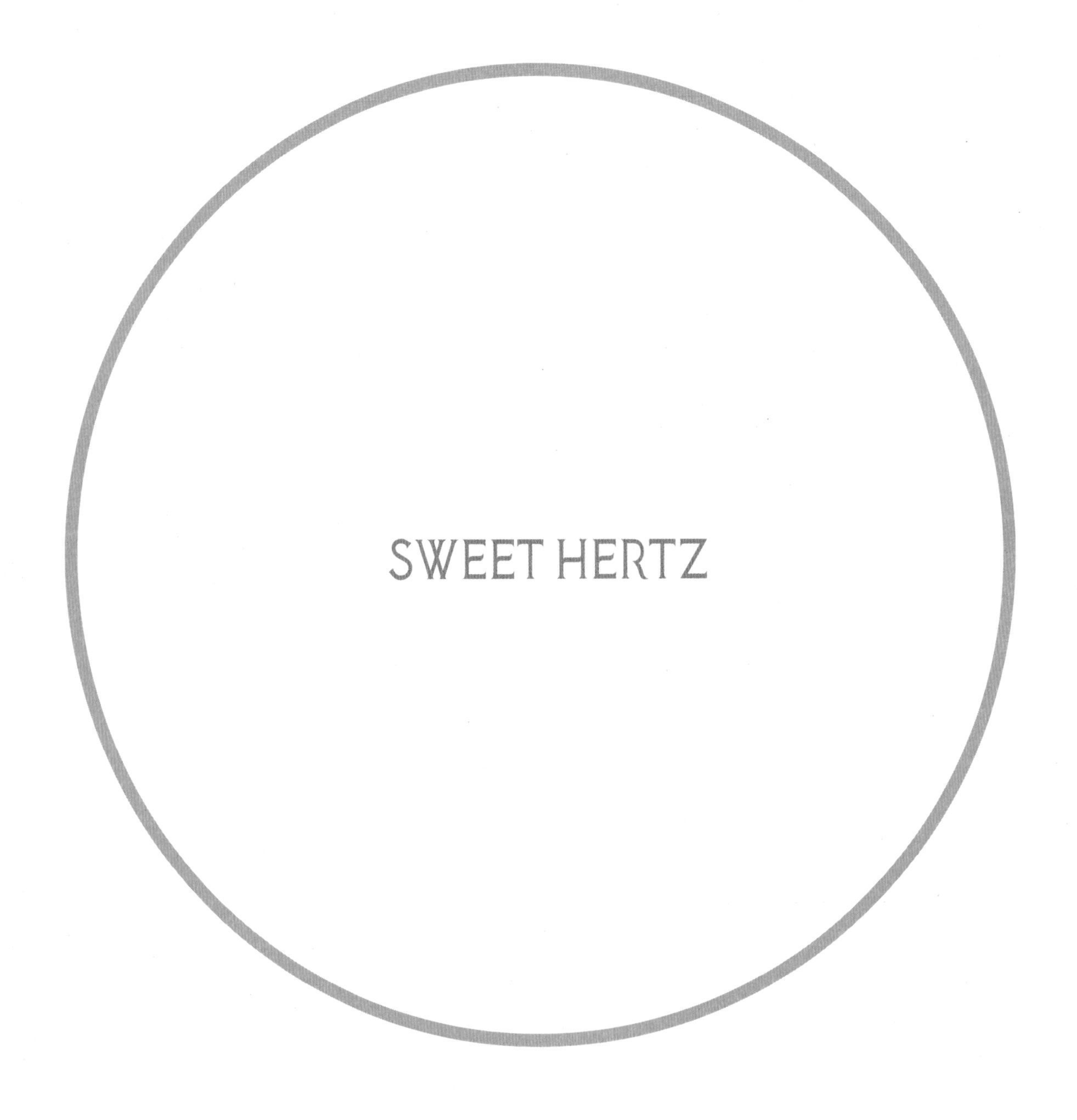
SWEET HERTZ

원형깍지 – 물방울 & 진주짜기 (804번)

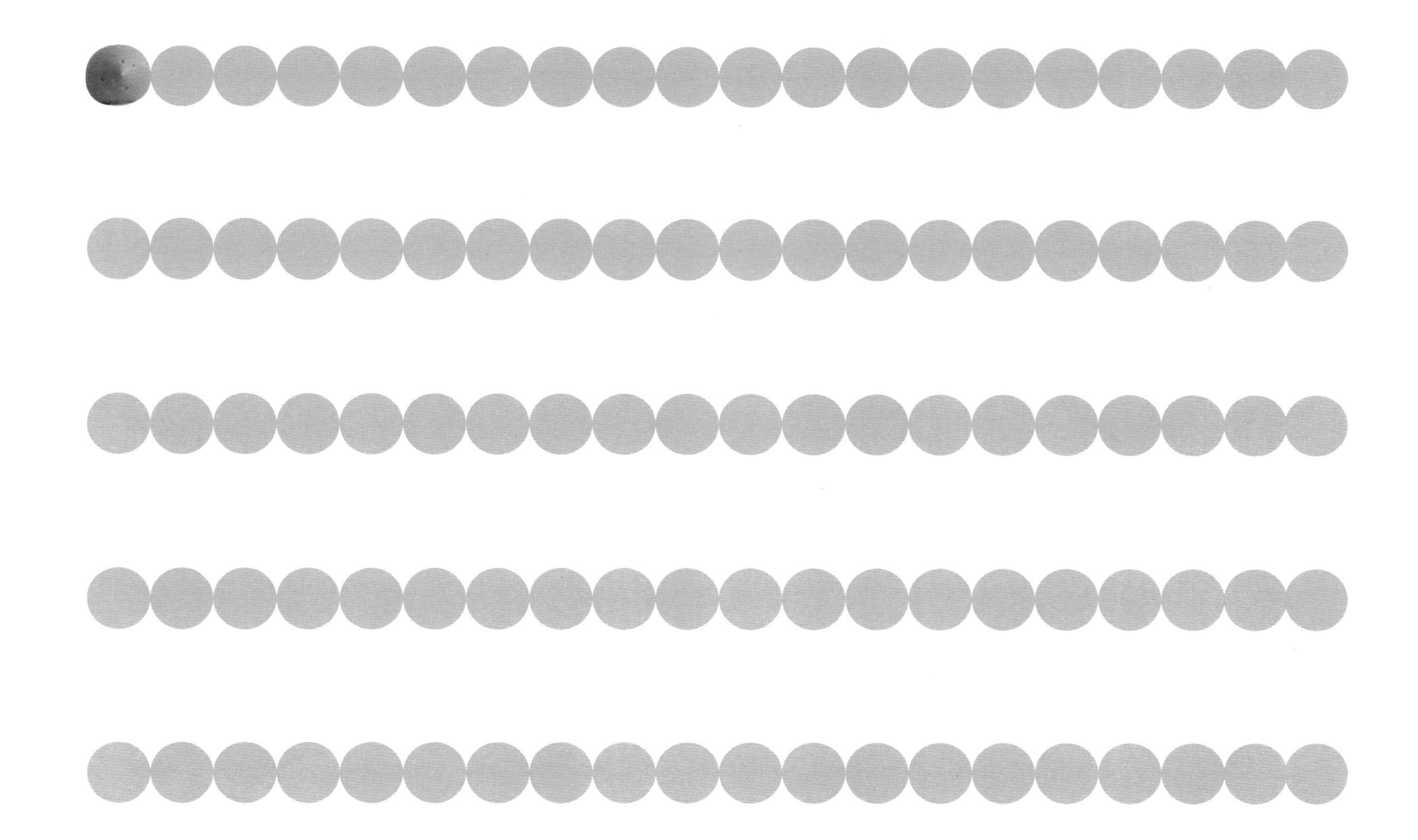

절취선을 따라 자른 후 연습해보세요.

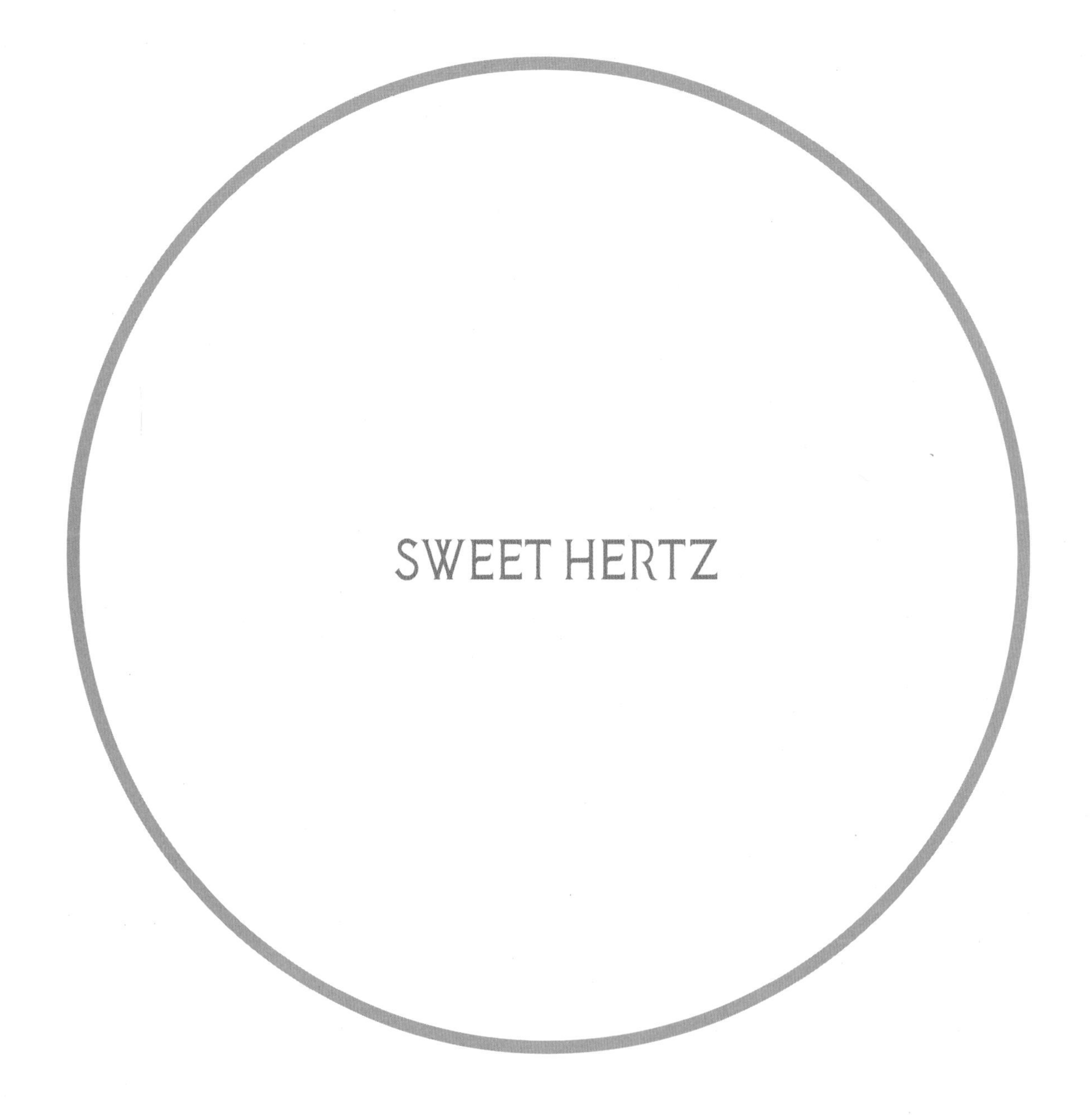
SWEET HERTZ

원형깍지 – 하트짜기 (804번)

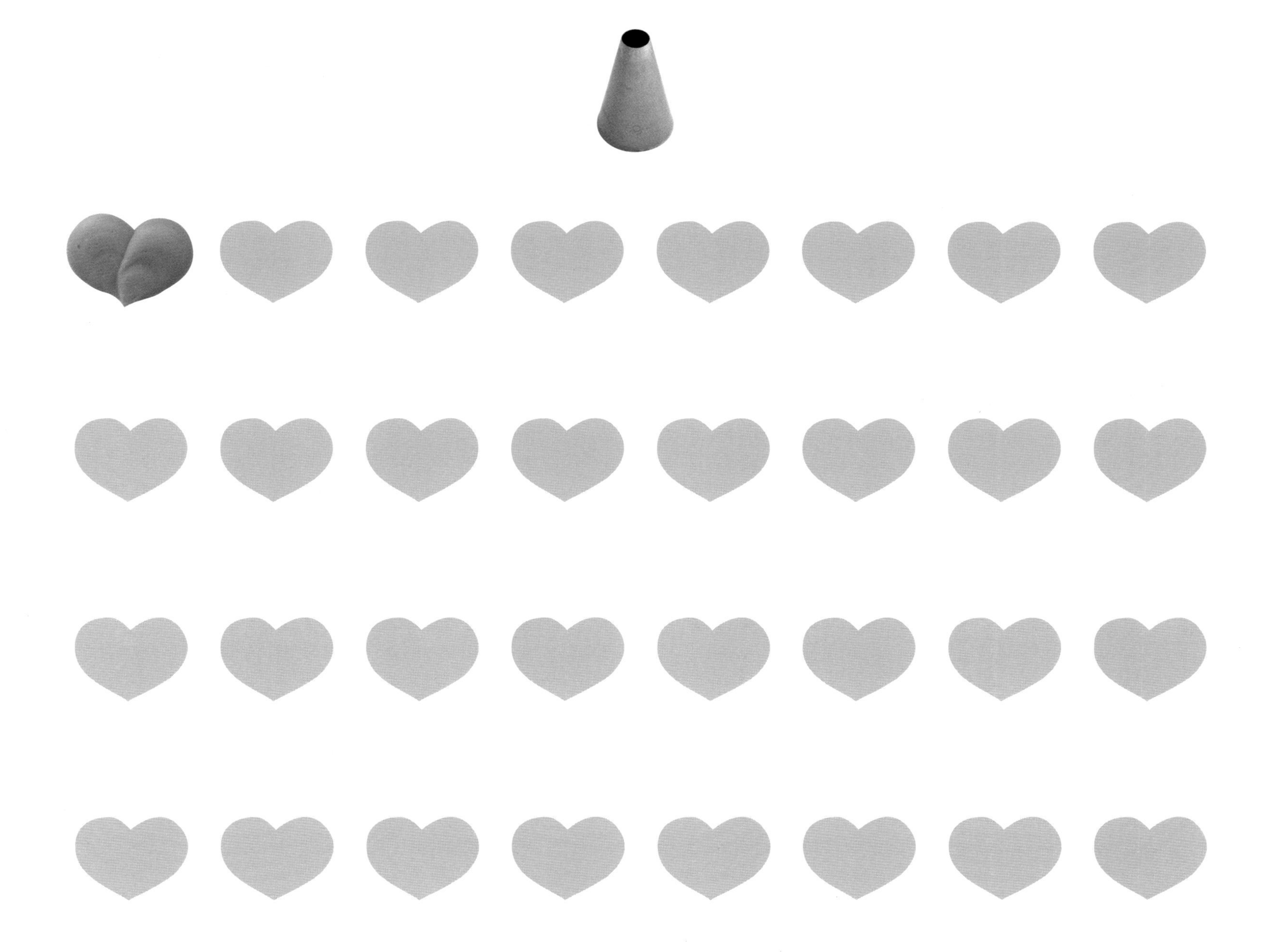

점취선을 따라 자른 후 연습해보세요.

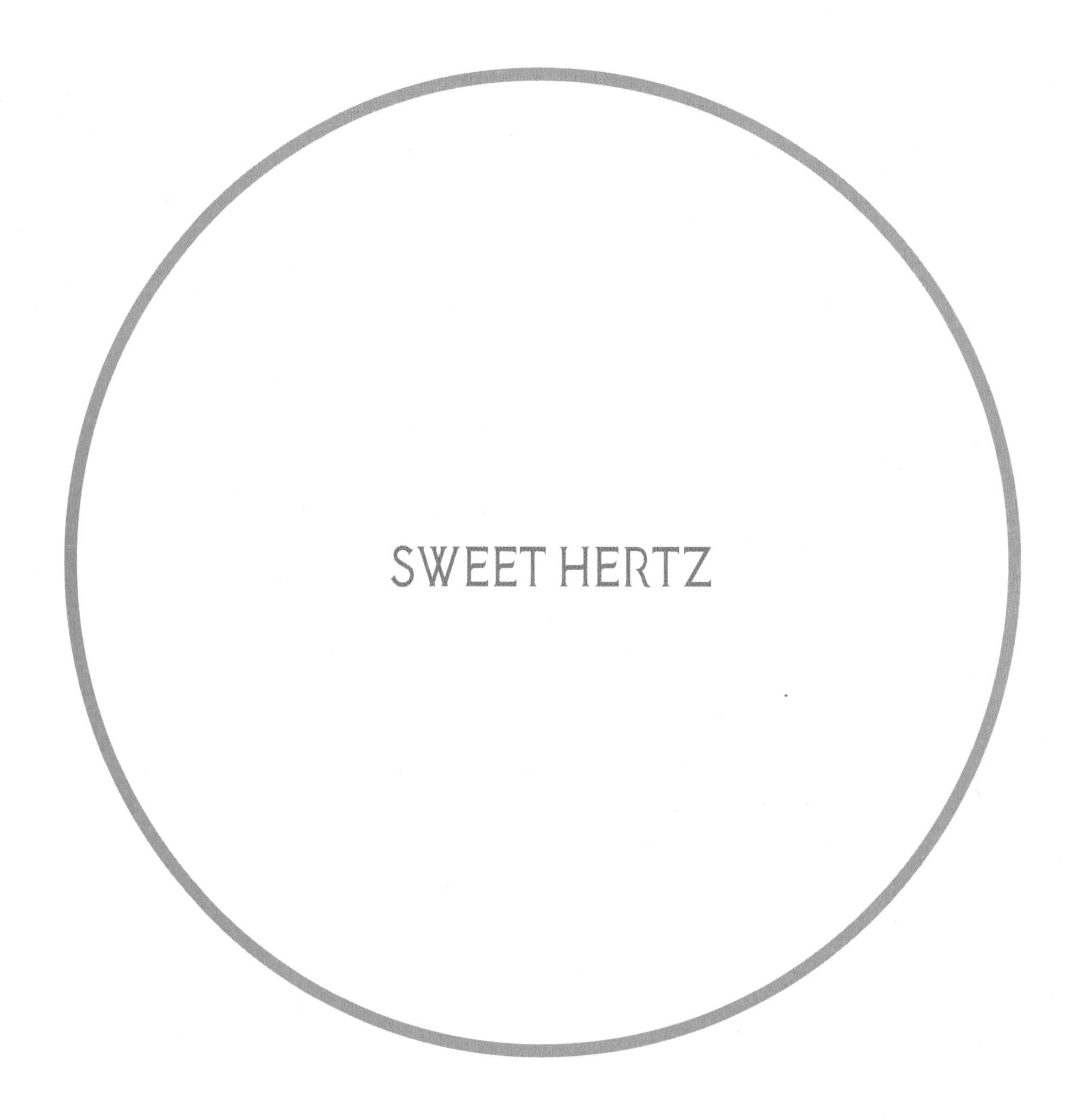
SWEET HERTZ

별깍지 – 쉘짜기 (842번)

접힌선을 따라 자른 후 연습해보세요

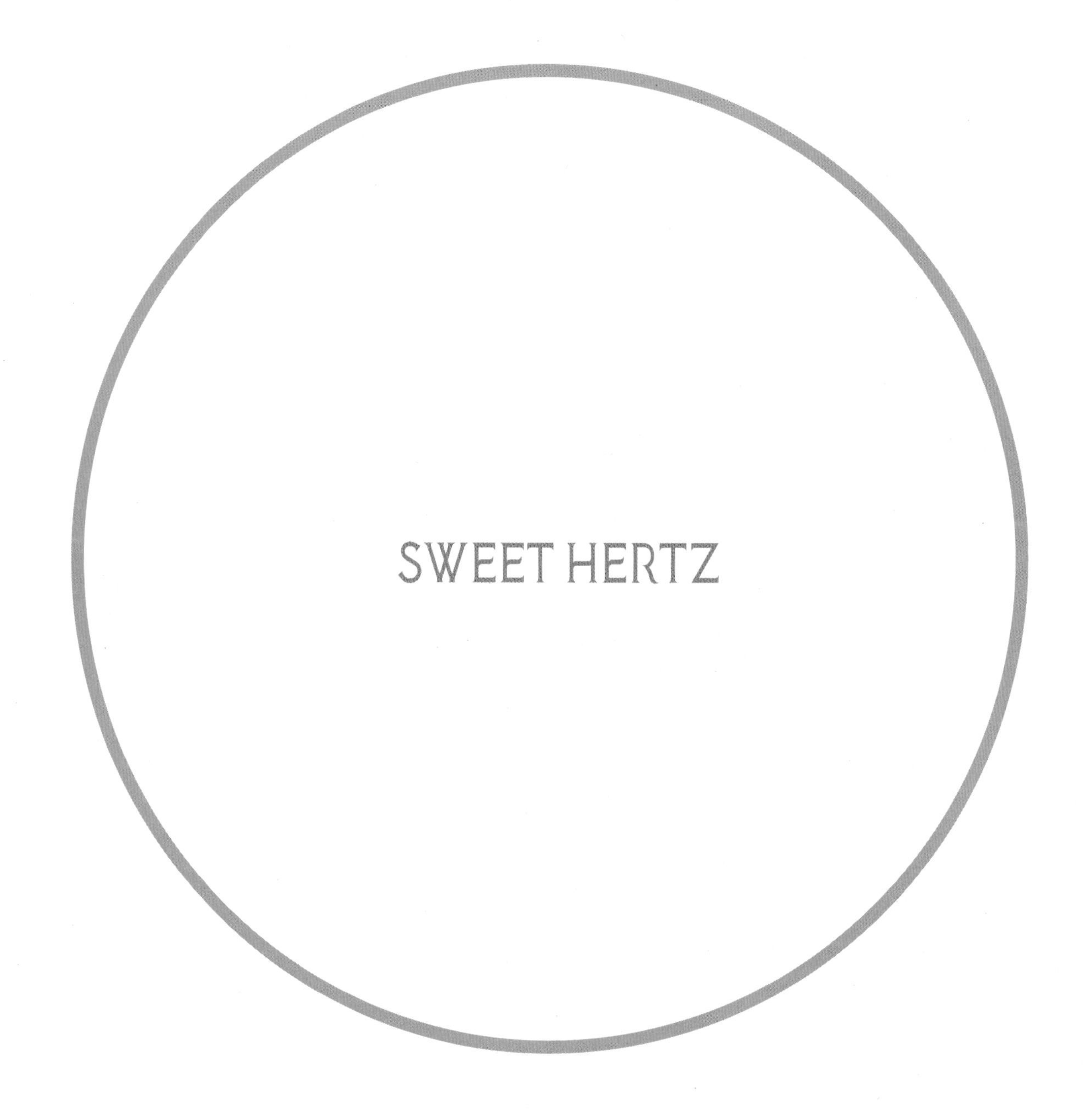
SWEET HERTZ

별깍지 – 쉘짜기 (864번)

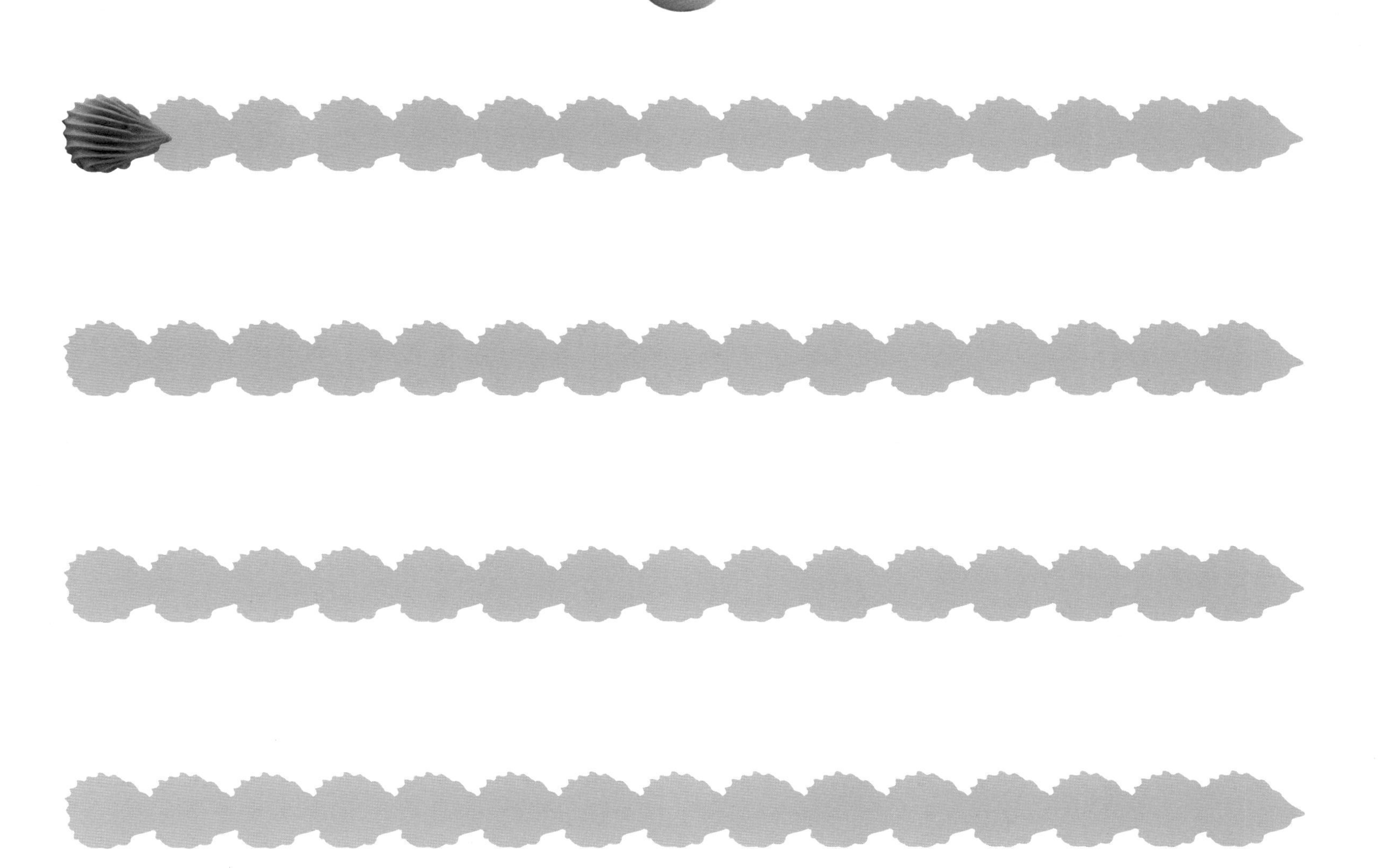

절취선을 따라 자른 후 연습해보세요

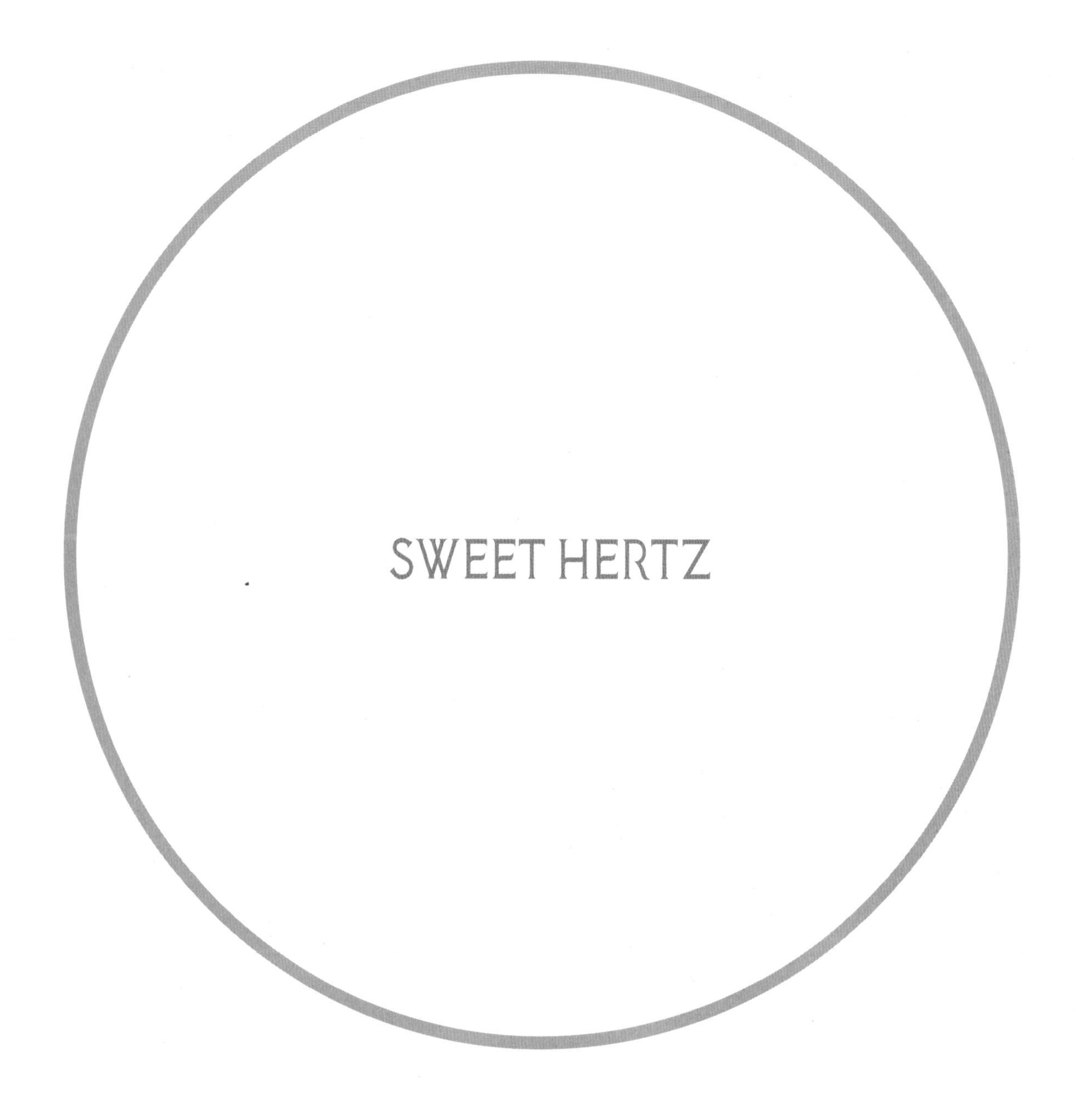
SWEET HERTZ

별깍지 – 로즈버트 (842번)

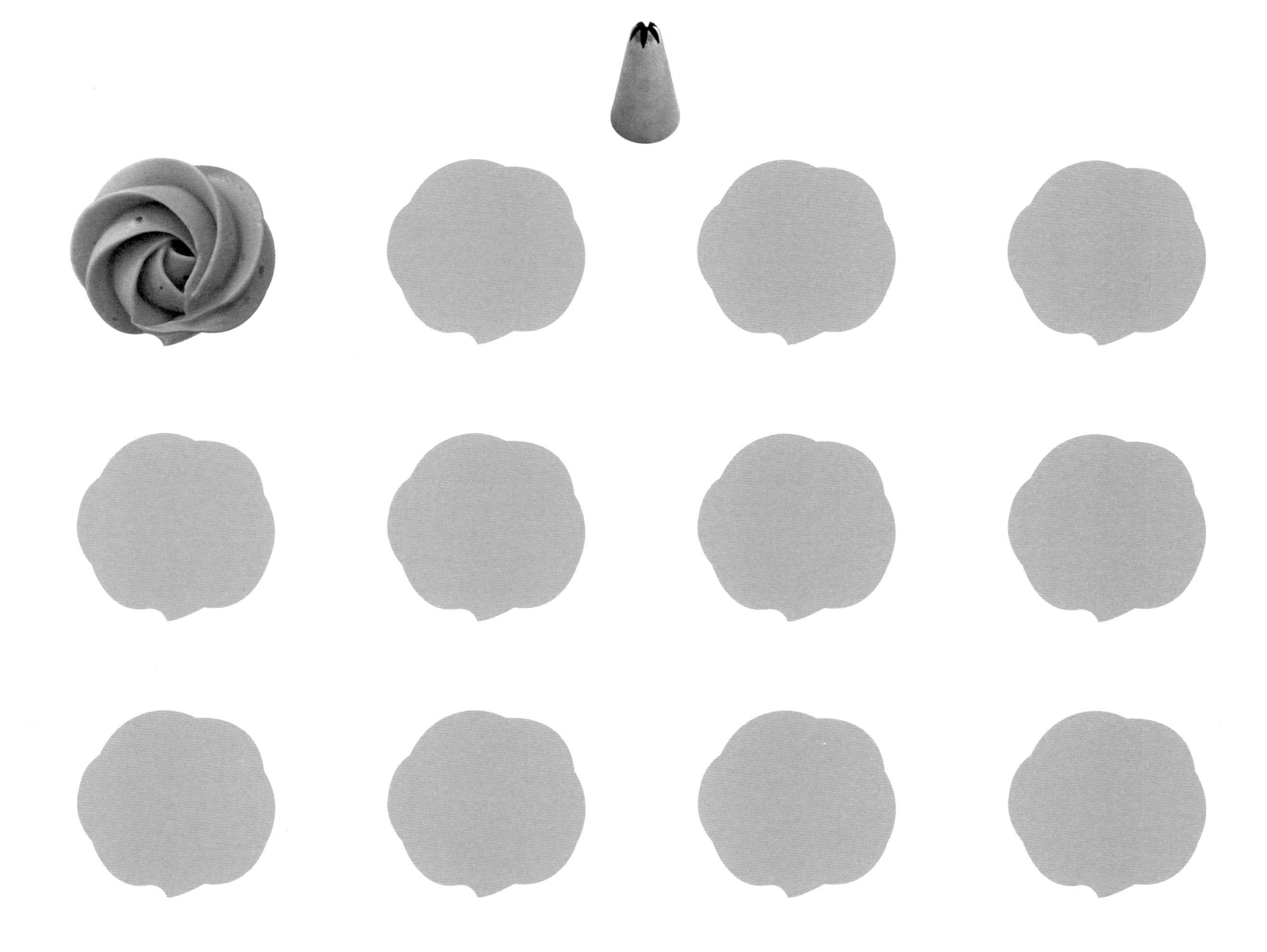

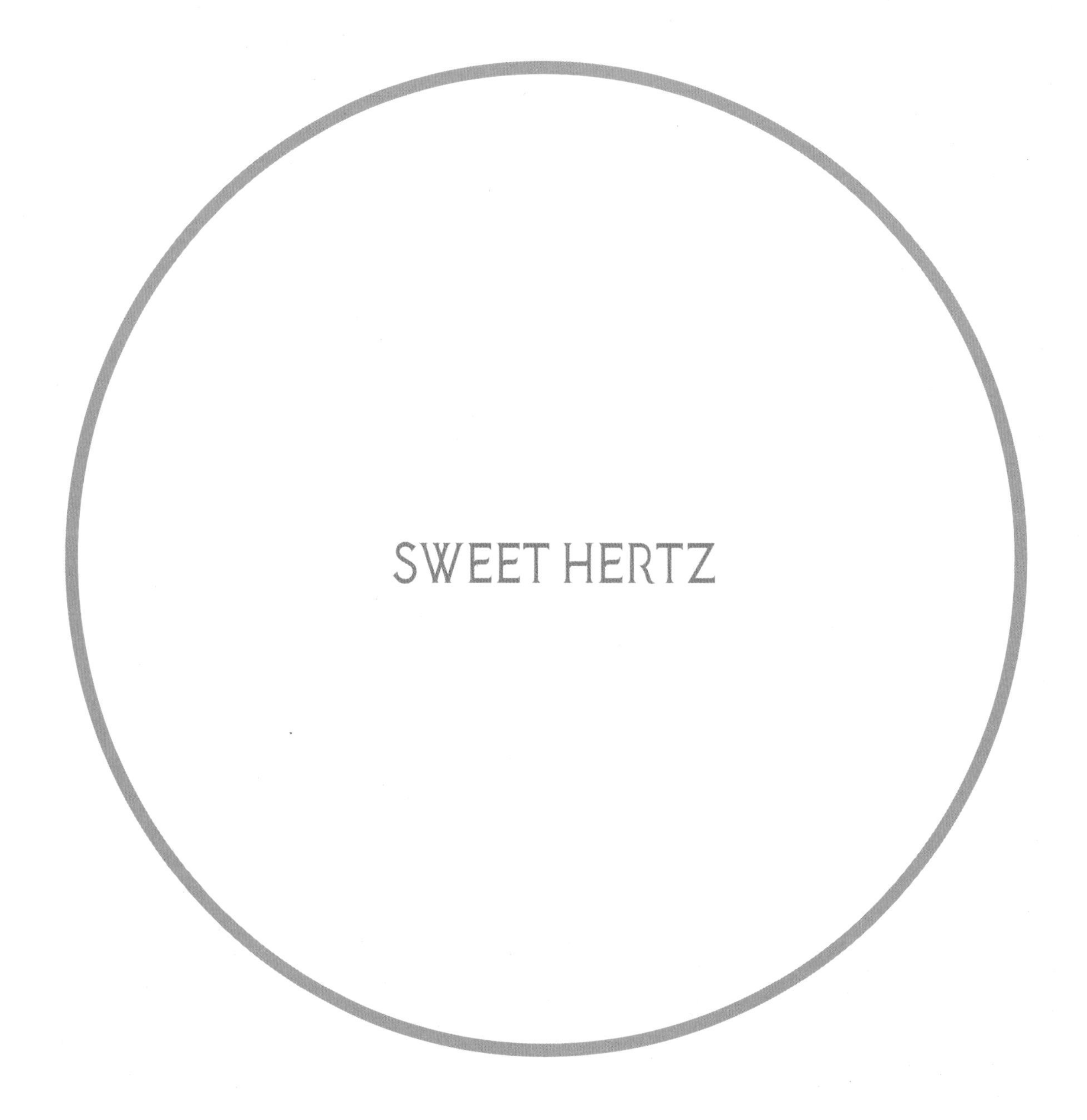
SWEET HERTZ

별깍지 – 로즈버트 (864번)

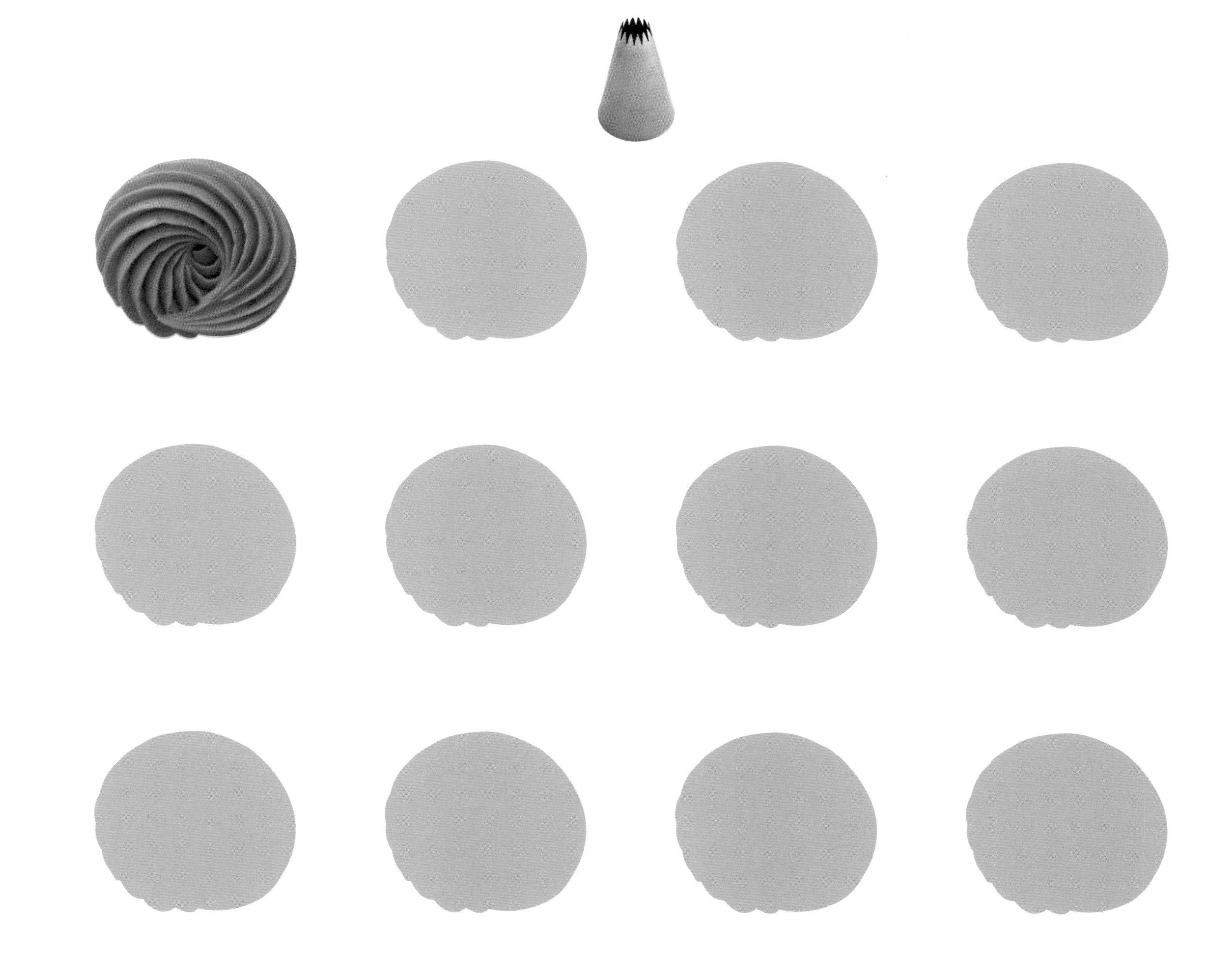

절취선을 따라 자른 후 연습해보세요

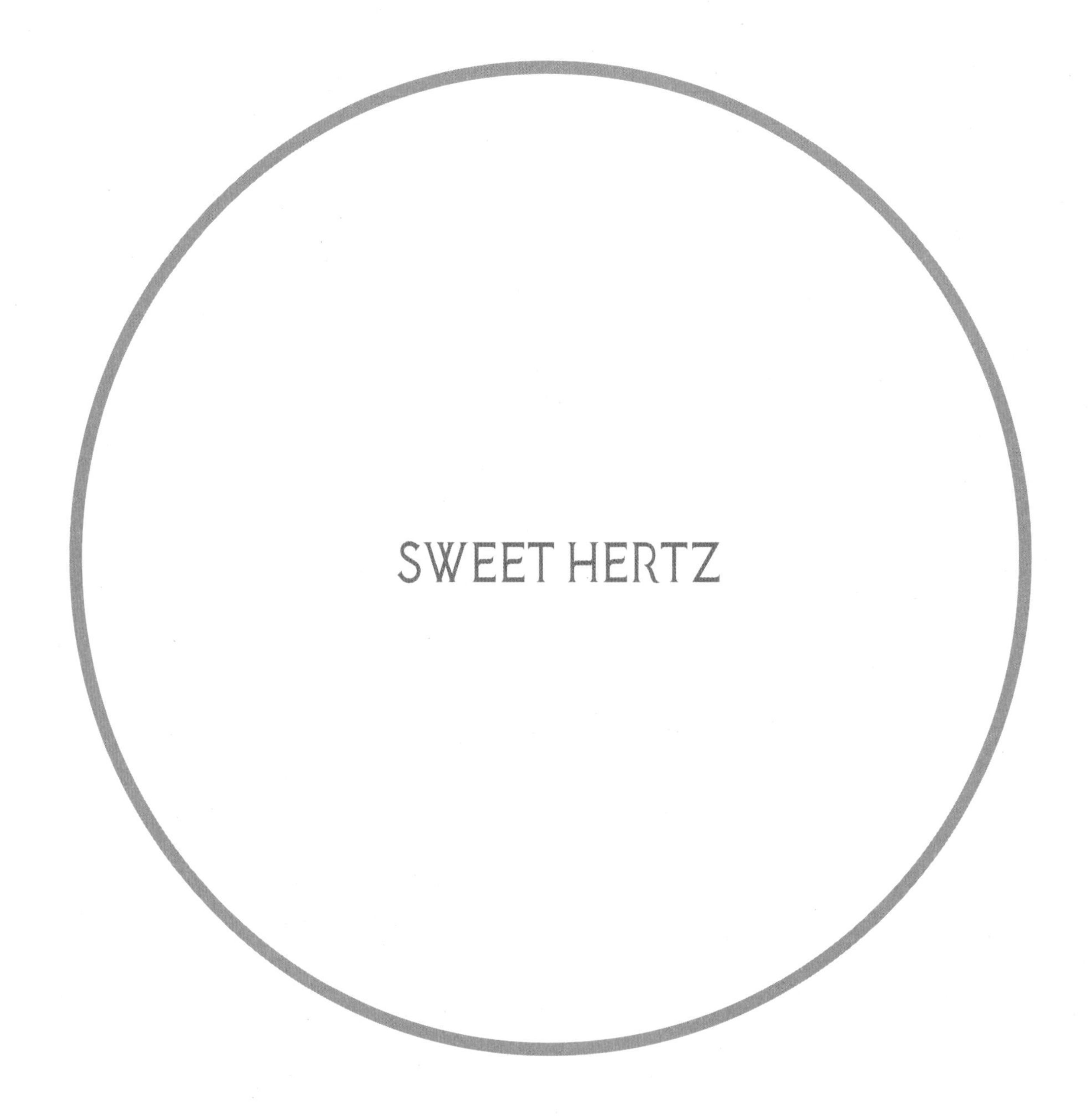
SWEET HERTZ

별깍지 – 8자짜기 (842번)

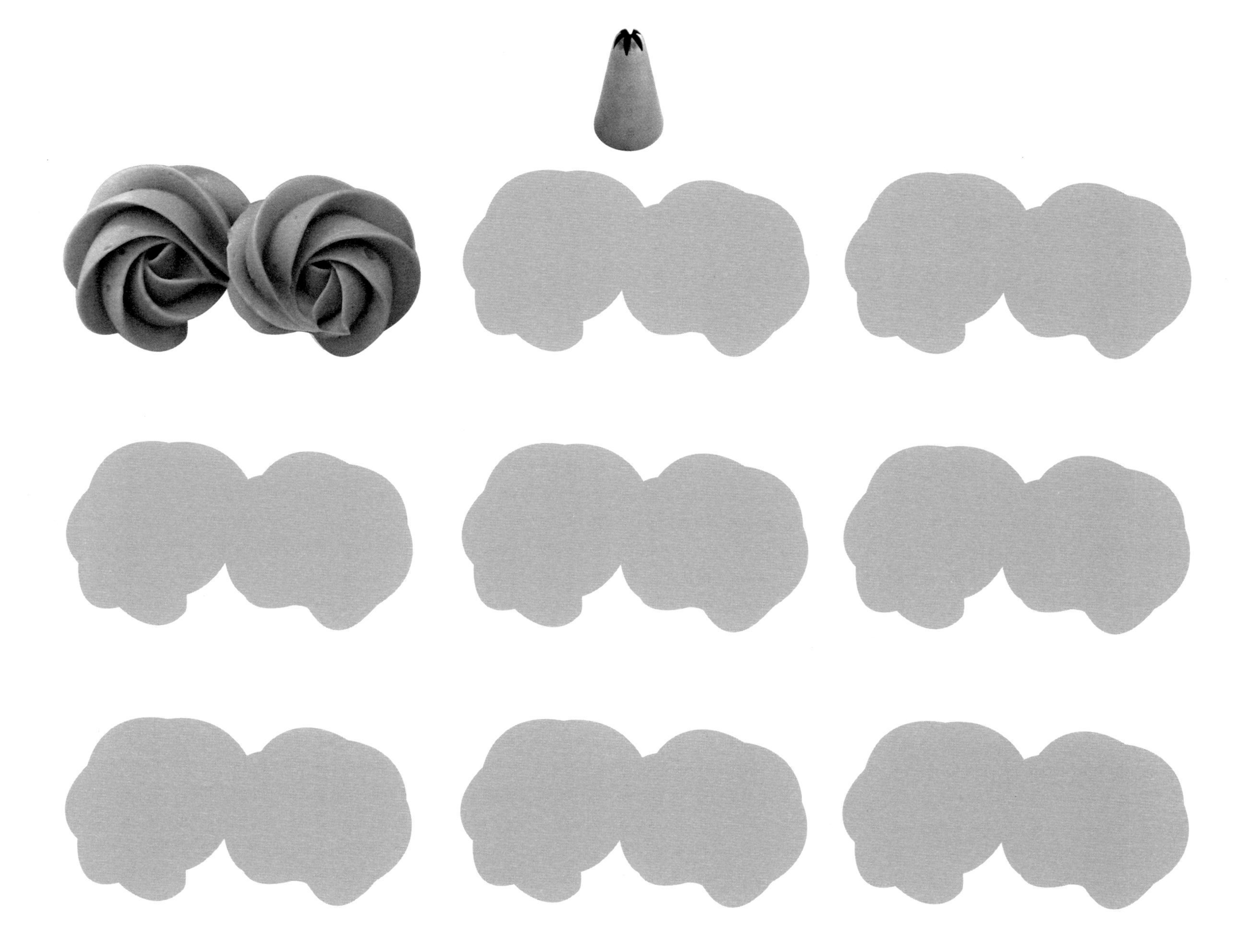

절취선을 따라 자른 후 연습해보세요.

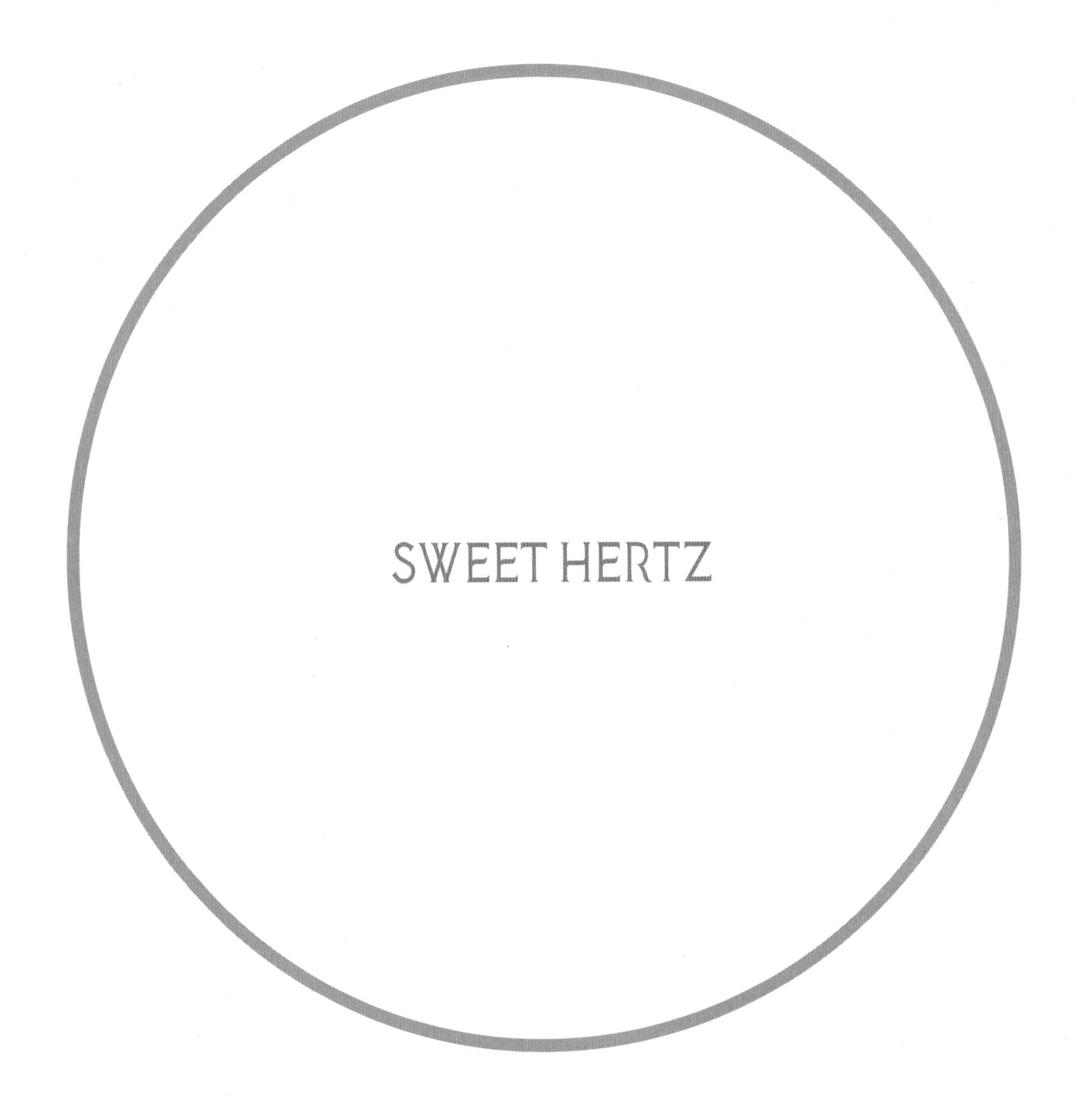
SWEET HERTZ

별깍지 – 8자짜기 (864번)

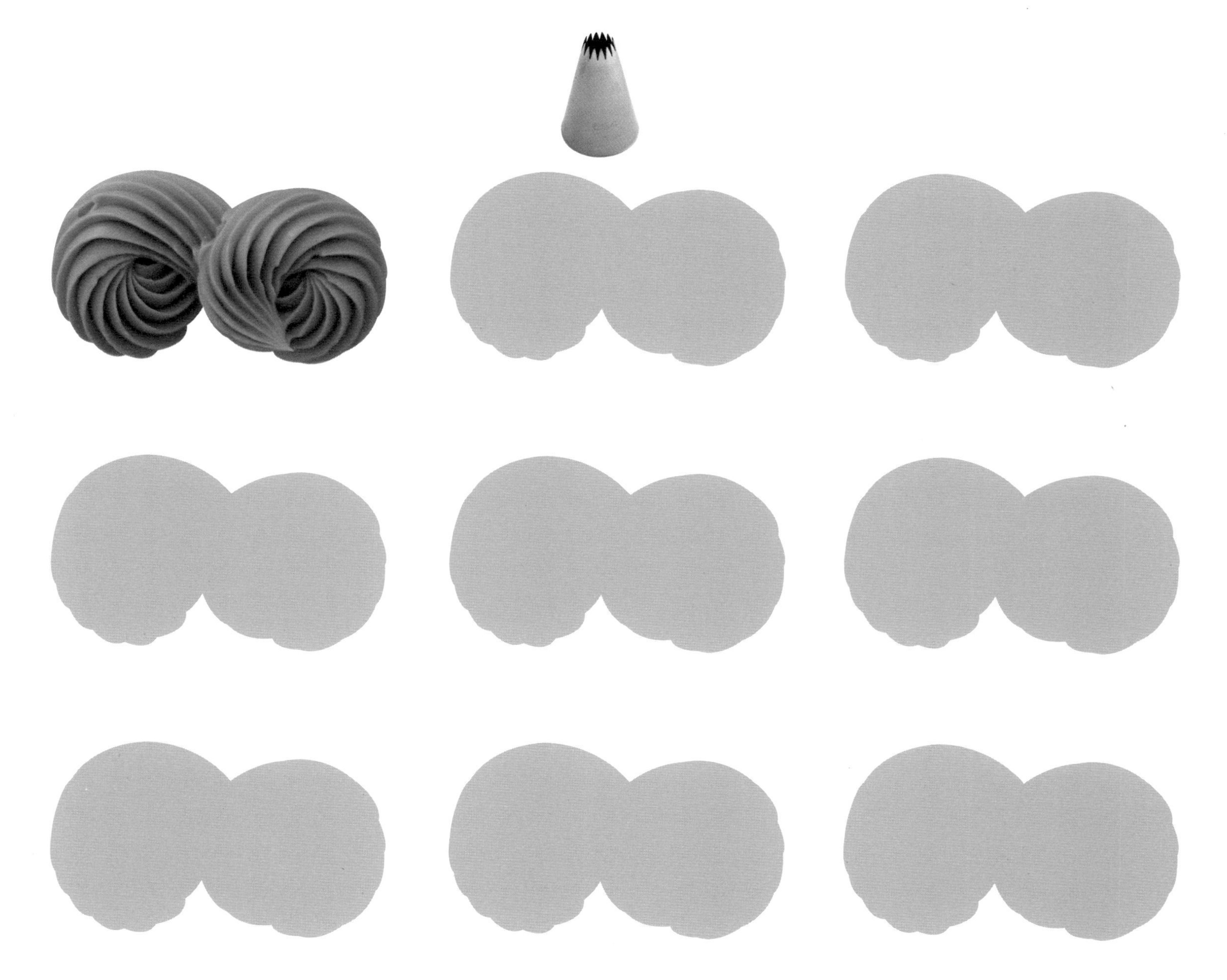

절취선을 따라 자른 후 연습해보세요

SWEET HERTZ

별깍지 – 로프짜기 (842번)

절취선을 따라 자른 후 연습해보세요

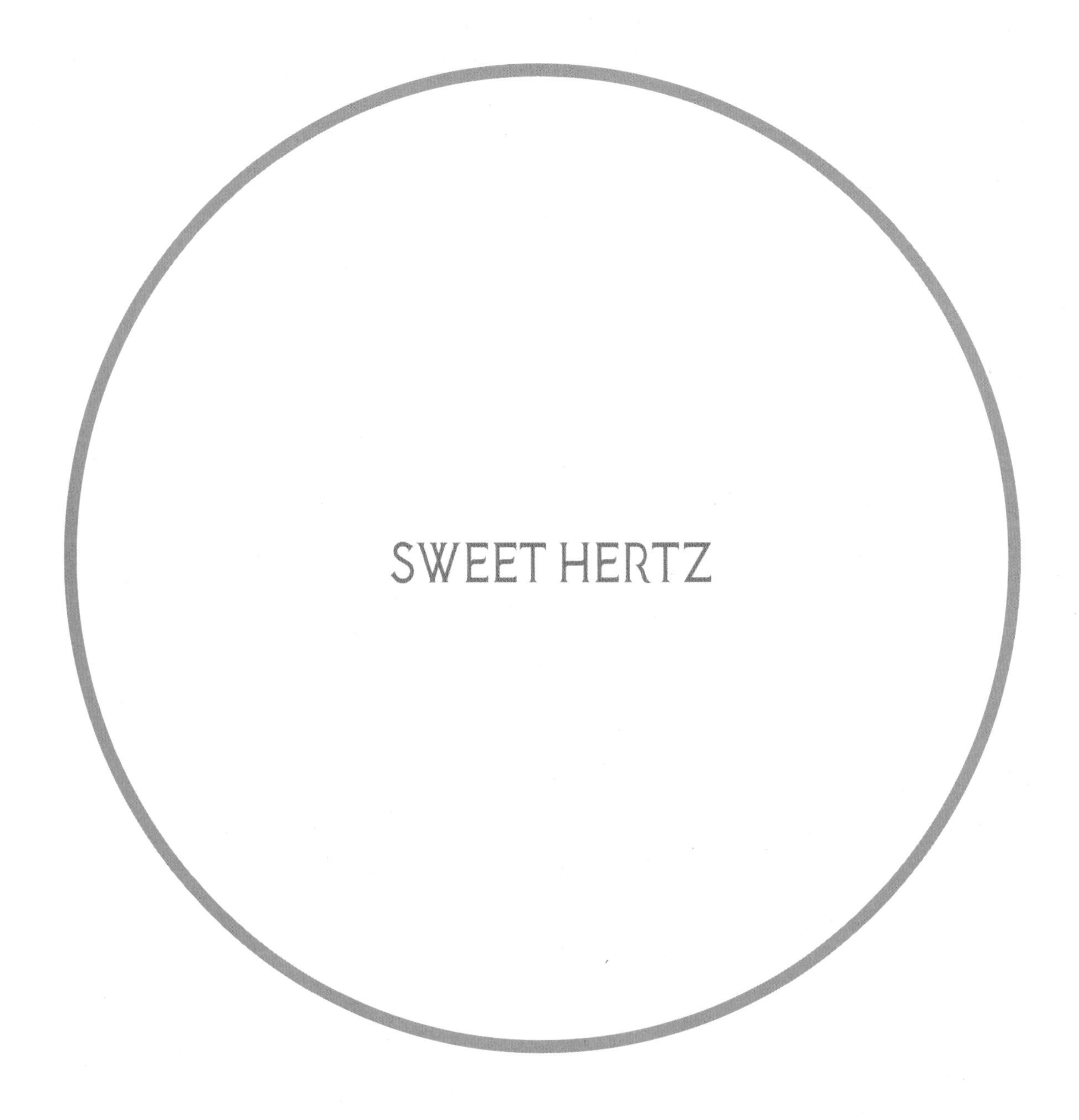
SWEET HERTZ

별깍지 – 로프짜기 (864번)

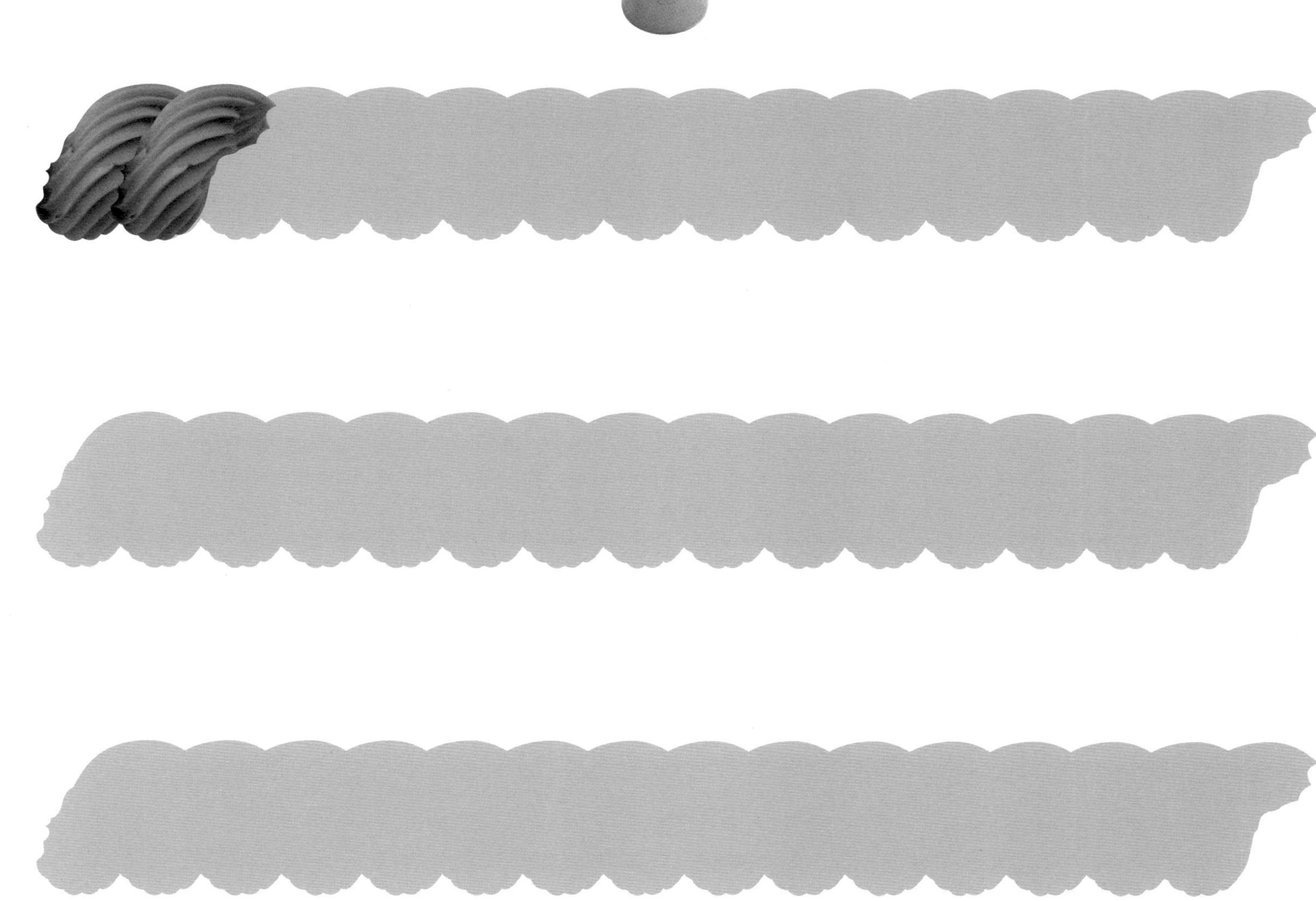

절취선을 따라 자른 후 연습해보세요

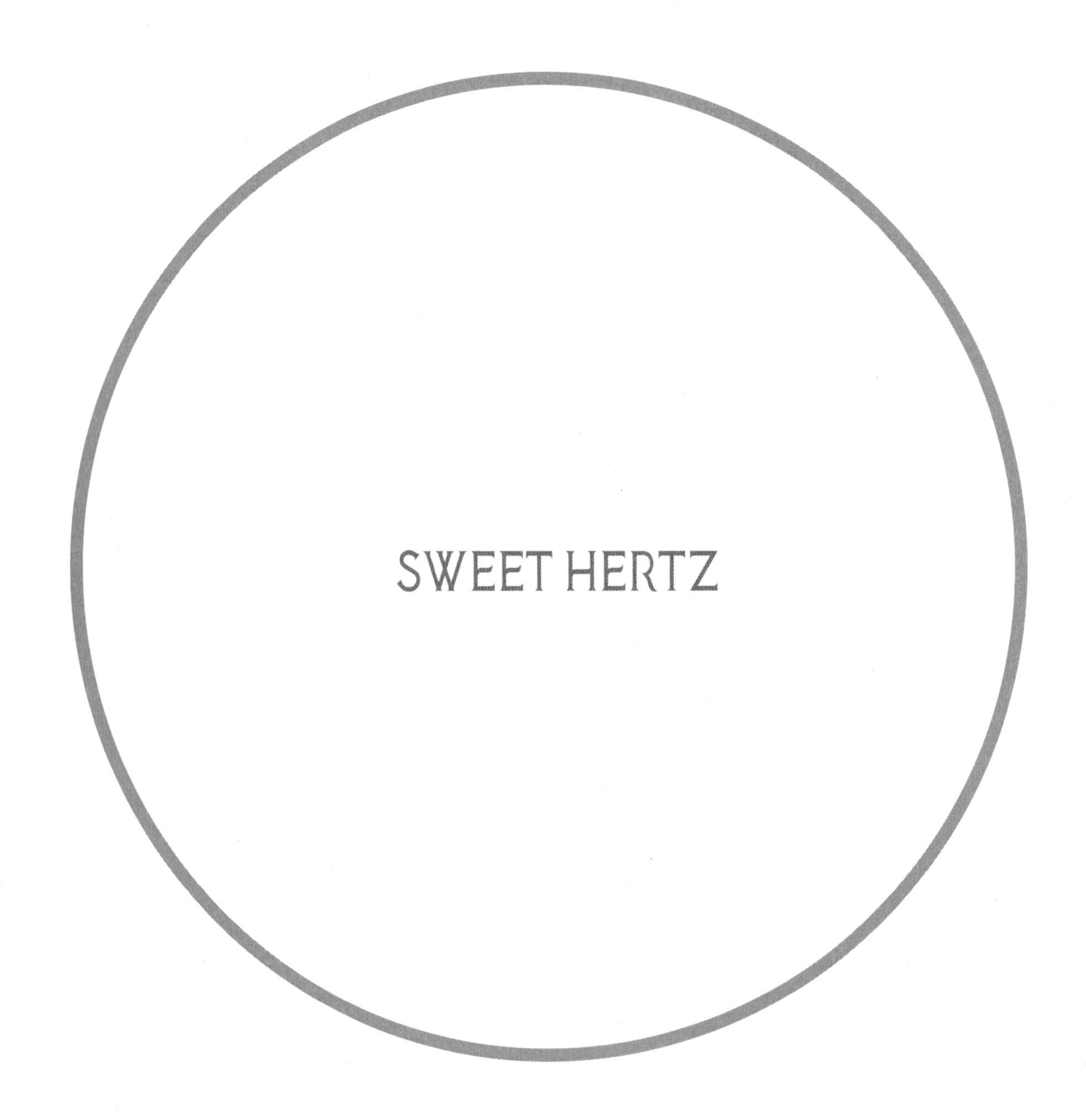
SWEET HERTZ

페탈깍지 – 늘여짜기 (104번)

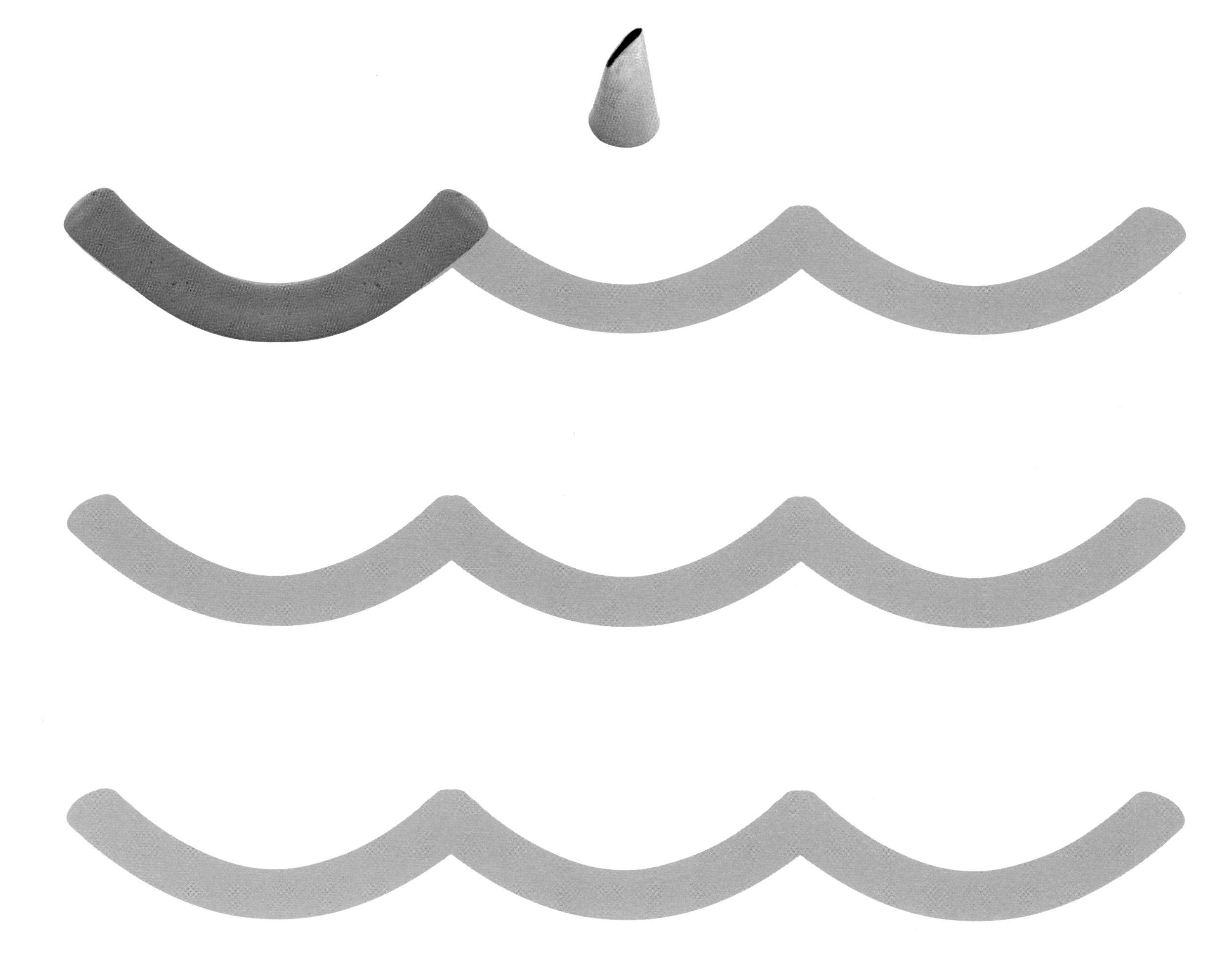

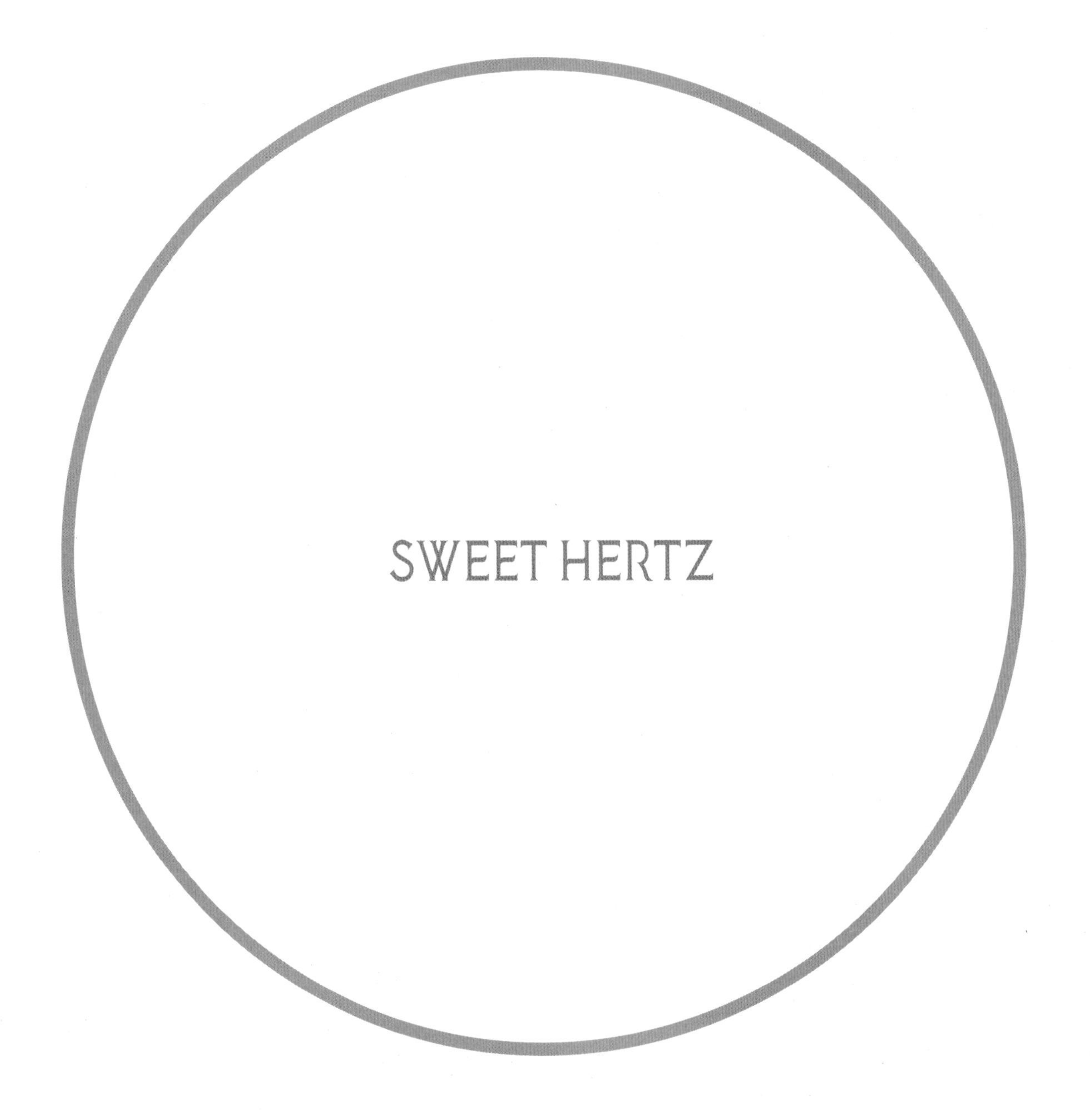
SWEET HERTZ

페탈깍지 – 누운장미 (104번)

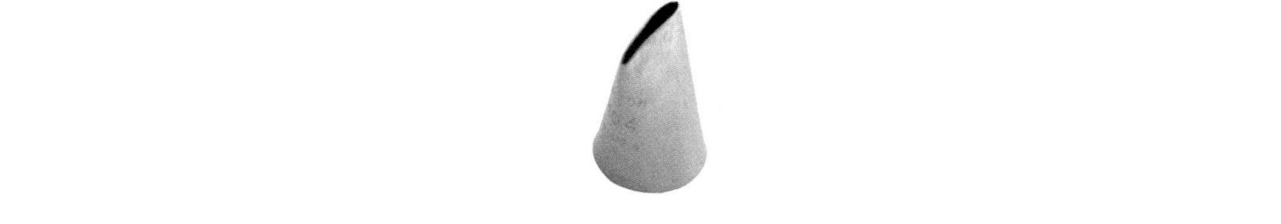

절취선을 따라 자른 후 연습해보세요

happy
day
happy
birthday
happy
birthday

Special
moments

Happy
Birthday

Happy Birthday